W0281376

Hans-Jürgen Kratz

LÄCHELN, NICKEN, KONTERN

Hans-Jürgen Kratz

LÄCHELN, NICKEN, KONTERN

Lassen Sie sich von Angreifern, Großmäulern und Besserwissern nicht unterbuttern

metropolitan.

Bibliografische Information der Deutschen Nationalbibliothek
Die Deutsche Nationalbibliothek verzeichnet diese Publikation in der Deutschen Nationalbibliografie; detaillierte bibliografische Daten sind im Internet über *http://dnb.dnb.de* abrufbar.

Metropolitan – ein Imprint des Walhalla Fachverlags

2. Auflage 2019
(1. Auflage erschienen unter dem Titel „Musterreaktionen auf mündliche Angriffe“)
© Walhalla u. Praetoria Verlag GmbH & Co. KG, Regensburg
Alle Rechte, insbesondere das Recht der Vervielfältigung und Verbreitung sowie der Übersetzung, vorbehalten. Kein Teil des Werkes darf in irgendeiner Form (durch Fotokopie, Datenübertragung oder ein anderes Verfahren) ohne schriftliche Genehmigung des Verlages reproduziert oder unter Verwendung elektronischer Systeme gespeichert, verarbeitet, vervielfältigt oder verbreitet werden.
Produktion: Walhalla Fachverlag, Regensburg
Umschlaggestaltung: init Kommunikationsdesign, Bad Oeynhausen
Printed in Germany
ISBN 978-3-96186-028-9

Inhalt

Nicht mit mir!

Uns begegnen immer wieder Menschen, die bewusst und vor allem völlig ungeniert Finten, Kunstgriffe, Tricks und sonstige Boshaftigkeiten einsetzen, um entweder ihre vermeintliche Überlegenheit zu demonstrieren oder sich auf Kosten anderer durchzusetzen. Diese Personen geben sich alle Mühe, ihren Mitmenschen das Leben schwer zu machen und ihnen Kraft zu rauben. Werden Sie von solchen Energievampiren und Glücksdieben angegriffen, leidet Ihre Lebensqualität erheblich, denn solche Angriffe stecken Sie nicht einfach weg, weil sie regelmäßig Gereiztheit, Niedergeschlagenheit und Erschöpfung hervorrufen.

Ihre Kontrahenten greifen häufig auf unfaire Methoden zurück, wenn ihnen in einem Gespräch, in einer Diskussion die Felle davonzuschwimmen drohen. Sie folgen dem schottischen Philosophen Hamilton, der empfahl:

Taugt deine Rede nichts, so berufe dich auf die Partei,
taugt die Partei nichts, berufe dich auf die Sache,
taugen beide nichts, verwunde den Gegner.

Und auch der englische Philosoph Francis Bacon bemerkte:

Verleumde nur dreist, etwas bleibt immer hängen.

Diese „sozialen Krüppel“ verwenden ohne Bedenken brachiale Direktheit, Bauernschläue, arrogante Überheblichkeit oder persönliche Angriffe. Ihr Ziel ist es, Mitmenschen an die Wand zu drängen und ihnen das Wasser abzugraben, um sich anschließend in ihrem vermeintlichen Erfolg zu sonnen und den Platz als Sieger zu verlassen.

Doch unsere Lebenserfahrung zeigt uns, dass diese Strategie längerfristig ohne Erfolg bleiben wird. Der die Bühne als strahlender Sieger verlassende Angreifer lässt einen Verlierer zurück. Der Unterlegene empfindet die Niederlage und den damit verbundenen Gesichtsverlust als etwas Unverzeihliches. Obwohl er zunächst scheinbar klein beigibt, sinnt er auf Rache und nimmt sich insgeheim vor: Nie darüber sprechen, aber immer daran denken! Irgendwann folgt die Revanche und er lässt den momentanen Sieger in einem Moment, in dem dieser an nichts Böses denkt, ins offene Messer laufen. Damit werden zwei Erkenntnisse bestätigt:

1. Verliert der Verlierer sein Gesicht, verliert der Sieger das Gespräch.
2. Man begegnet sich fast immer zweimal im Leben.

In diesem Buch stelle ich Ihnen diverse anrüchige Taktiken angriffslustiger Mitmenschen und angemessene Reaktionen darauf vor. Kennen Sie die Ingredienzien aus dem rhetorischen Giftschrank des Angreifers und können Sie hierauf überzeugend kontern, nehmen Sie Ihrem Gegner den Wind aus den Segeln (Gefahr erkannt – Gefahr gebannt). Auf diese Weise vermeiden Sie außerdem betretenes Schweigen oder konfuses Gestammel, das Ihren Gegner frohlocken lässt und ihn zu weiteren Angriffen animiert. Die beste Antwort ist wertlos, wenn sie Ihnen erst einige Stunden nach dem Angriff einfällt, was Ihren Ärger nur noch steigert. Vermutlich erlebten Sie schon einmal die frei nach Eugen Roth formulierte Situation:

Ein Mensch inbrünstig denkt sogleich an Mord,
schallt ihm vom Gegner her manch bös-verletzend Wort.
Die Antwort fehlt, er sucht nach Worten, zaudert, stutzt,
der Moment entschwindet, bleibt für eine Replik ungenutzt.
Der Mensch formuliert und übt abends noch im Bette,
wie überzeugend und messerscharf er geantwortet – hätte.

Die folgenden Informationen und Handreichungen sollen Ihnen helfen, sich nicht ins Bockshorn jagen zu lassen, sondern schnell und nachhaltig auf kommunikative Störfälle sprachlich zu reagieren. Damit wird es eher gelingen, den Angriffen erfolgreich zu begegnen, sich ohne Gesichtsverlust aus der Schusslinie zu ziehen und sich so manchen Ärger zu ersparen.

Das Leben ist viel zu kurz, um ständig im Kampfmodus zu verharren oder sich zu ärgern. Selbstverständlich bleibt es Ihr gutes Recht, sich zu ärgern. Doch niemand verpflichtet Sie dazu. Übernehmen Sie besser die Erkenntnis von Kurt Tucholsky:

Das Ärgerliche am Ärger ist, dass man sich schadet,
ohne anderen zu nutzen.

In diesem Sinne mein Ratschlag:

Mensch ärgere dich nicht!

Hans-Jürgen Kratz
www.personaltraining-kratz.de

Die Leserinnen werden um Verständnis gebeten, dass ausschließlich zur besseren Lesbarkeit nur die männliche Form gewählt wurde.

1 Ursachenforschung:
Provoziere ich selbst?

Selbsterkenntnis ist der erste Schritt zur Besserung

Hin und wieder begegnen uns Menschen, die souverän auftreten und uns Respekt abnötigen. Sie können auf unredliche Verhaltensweisen verzichten. Dann wiederum gibt es Zeitgenossen, bei denen wir Vorsicht walten lassen. Ihnen eilt ein wenig schmeichelhafter Ruf voraus, oftmals gepaart mit der Warnung: „Lass dich nicht mit dem ein, der ist ein harter Brocken." Vermutlich verfügt dieser negativ Geschilderte über einen gut gefüllten rhetorischen Giftschrank, um sich durchzusetzen.

Unterstellen wir, dass Sie nicht zu dieser Spezies Mensch gehören, dennoch bei Konfrontationen oder unfairem Verhalten von Gesprächspartnern nicht das Nachsehen haben wollen. Allerdings fordern Sie durch unbewusste Verhaltensweisen manche Mitmenschen zu mündlichen Angriffen heraus. Um nicht zu einem Aggressionsobjekt zu werden, genügen häufig schon kleine Änderungen im eigenen Verhalten, um einem Kontrahenten den Wind aus den Segeln zu nehmen und eine voraussichtliche Eskalation zu begrenzen.

Folgende Empfehlungen können Ihnen helfen, nicht in eine selbst gestellte Verliererfalle zu tappen, Ihre Auffassungen weniger angreifbar zu machen, Ihre Durchsetzungskraft zu stärken, sich wirkungsvoller darzustellen und souveräner zu agieren:

Stimmen Sie sich positiv ein!

Folgende Erkenntnis von Johann Wolfgang von Goethe ist zwar alt, hat jedoch nichts von ihrem Wahrheitsgehalt und ihrer Aktualität eingebüßt:

> Wie Du kommst gegangen, so Du wirst empfangen.

Wie sie zu sich selbst und zu ihrer Umgebung stehen, teilen die meisten Menschen unbewusst über körpersprachliche Signale mit. Deuten diese Signale darauf hin, einen selbstsicheren und sich seines Werts bewussten Menschen vor sich zu haben, lässt auch ein zu Auseinandersetzungen bereitre aggressiver Zeitgenosse größere Vorsicht walten und zieht es vor, verbale Angriffe zu vermeiden. Demgegenüber wird er bei einem unsicher auftretenden Menschen kaum Zurückhaltung üben.

Die Erfahrung lehrt, dass derjenige „untergebuttert“ wird, der von sich selbst nicht sonderlich viel hält und seine Umwelt aus einer pessimistischen Grundeinstellung heraus betrachtet. Stimmen Sie sich fortwährend negativ ein und versinken Sie in Selbstmitleid, können Ihre Minus-Gedanken Dauerängste, Depressionen oder andere psychische Erkrankungen auslösen.

Mit Selbstzweifeln wie

- Dafür muss man geboren sein.
- Das kann ich nicht.
- Dieser Auseinandersetzung bin ich nicht gewachsen.
- Da ziehe ich sicherlich den Kürzeren.
- Das geht doch überhaupt nicht!

machen Sie sich klein und legen sich selbst Steine in den Weg. Eine negative Situationsbewertung bewirkt ein verstärktes Ausschütten von Stresshormonen, was dazu führt, sich noch mehr in Stress und Ärger hineinzusteigern. Die Folge: Sie erschaffen sich unbewusst Probleme, Pech und Pannen (Nocebo-Effekt). Mit einer negativen Autosuggestion (Selbstbeeinflussung) verletzten Sie sich selbst und beschneiden Ihren Selbstwert. Letztlich stellen Sie selbst die Weichen in Richtung Misserfolg. Dazu vertrat Ernst Ferstl die Meinung:

Eine negative Grundstimmung im Denken ist
eine Kriegserklärung an das Leben,
die ihre fanatischen Anhänger nie mehr in Frieden läßt.

Schieben Sie deshalb aufkommende Selbstzweifel sofort beiseite. Sie wirken nämlich nur hemmend und destruktiv, je länger Sie sich mit ihnen beschäftigen. Mittels einer positiven Selbstbeeinflussung befreien Sie sich von Befürchtungen und negativen Umwelteinflüssen. Mit einer positiven Einstellung drängen Sie Ihre Ängste und Sorgen zurück. Gerade in schwierigen Situationen brauchen Sie die Kraft des positiven Denkens! Marc Aurel schrieb bereits im 2. Jahrhundert n. Chr.:

> Das Leben ist das, was die Gedanken aus ihm machen.

Sprechen Sie sich also Mut zu und klopfen sich – bildlich dargestellt – hin und wieder selbst kräftig und anerkennend auf die Schultern. Indem Sie einen positiven Dialog mit sich führen, räumen Sie behindernde Felsbrocken beiseite, zum Beispiel mit:

- „Ich werde grundsätzlich in zivilisierter Weise auf unfaire Verhaltensweisen des Kontrahenten reagieren und mir dabei nicht die Butter vom Brot nehmen lassen."
- „Ich habe in meinem Leben schon viele Herausforderungen gemeistert, sodass ich mich von keinem Kontrahenten einwickeln lasse, selbst wenn manche Menschen ihn als harten Brocken charakterisieren."
- „Das bevorstehende Gespräch ist kein Grund zur Panik. Im Gegenteil: Ich freue mich darauf, heute wird ein guter Tag. Auf geht's!"
- „Ich will es, ich kann es, ich schaffe es – yes, I can!"

So gehen Ängste zurück und Hemmungen verschwinden zusehends. Bedenken Sie auch: Viele Befürchtungen fallen in sich zusammen, wenn Sie sich sorgfältig auf eine Herausforderung einstellen, denn gute Vorbereitung ist bereits der halbe Erfolg:

- „Ich habe meine Hausaufgaben gemacht und mich auf das Thema und meinen vermutlichen Gesprächspartner gut vorbereitet."
- „Ich bin nach Lektüre dieses Buches bestens vorbereitet – vermutlich besser als die meisten Menschen in meiner Umgebung."

Dass sich Ängste bei näherer Betrachtung oft als unbegründet erweisen, erkannte bereits Friedrich Schiller:

> Nichts in der Welt kann den Menschen sonst unglücklich machen,
> als bloß allein die Furcht.
> Das Übel, das uns trifft, ist selten oder nie so schlimm,
> als das, was wir befürchten.

Vermeiden Sie Unsicherheitssignale

Ihr Auftreten ist die wesentliche Stellschraube, mit der Sie entscheiden, ob Sie häufig als Aggressionsobjekt herhalten müssen oder mit Selbstvertrauen verschiedenartige Lebenssituationen meistern.

Sie wissen vermutlich körpersprachliche Signale richtig zu deuten, mit denen sich unsichere Menschen unbewusst zu erkennen geben. Sie wirken meistens zaghaft, ängstlich, gehemmt und ausweichend. Damit bestätigen sie einem Angreifer, seine vermeintliche Überlegenheit noch intensiver ausspielen zu können. Treten nachstehende körpersprachliche Signale kombiniert auf, springt die Unsicherheit sogleich ins Auge:

- zaghafter, feuchter Händedruck
- Zupfen an der Kleidung
- ständiges Herumrutschen auf dem Stuhl/Sessel
- Sitzen auf der vorderen Stuhlkante
- Kratzen am Kopf
- Finger am Mund
- Hand streicht über den Hinterkopf
- fahrige Handbewegungen
- fehlender oder unsteter, hektischer Blickkontakt
- nach unten gerichteter Blick
- Füße winden sich um die Stuhlbeine
- Zurücklehnen und Abwenden des Oberkörpers
- leise Stimme

Damit es erst gar nicht zu Missverständnissen kommt, könnte sich dieser Mensch gleich die Botschaft auf die Stirn tätowieren lassen: „Ich setze mich nicht durch, ich bin mit der Opferrolle zufrieden. Sie brauchen meine Gegenwehr nicht zu fürchten."

Deshalb vermeiden Sie die beschriebenen Unsicherheitsgesten und bemühen sich auch in Stresssituationen um eine aufrechte offene Körperhaltung (gestraffte Schultern, leicht gewölbter Brustkorb, aufgerichteter Kopf, angedeuteter elastischer Gang), mit der Sie Gesprächs-, Kooperations-, aber auch Durchsetzungsbereitschaft ausstrahlen. Der Psychologe Valentin Nowotny erkannte:

Wer aufrecht geht, dem wird auch mehr Respekt entgegengebracht.

Selbst von Natur aus aggressive Menschen überlegen es sich zweimal, ob sie einen selbstsicher wirkenden Gegenüber angreifen. Da sie mit Gegenwehr rechnen müssen, werden sie häufiger ein Risiko scheuen. Wenig Zurückhaltung zeigen sie in erster Linie gegenüber Personen, bei denen sie ein leichtes Spiel vermuten, was ihre bösen Absichten angeht.

Streichen Sie Weichmacher aus Ihrem Wortschatz

Sprache ist verräterisch. Reden Menschen über Dinge, deren sie sich nicht sicher sind, werden auch ihre Worte verschwommen. Zweifeln Sie an den eigenen Argumenten, flechten Sie unbewusst Weichmacher in Ihre Ausführungen ein und mindern damit Ihre Überzeugungskraft. Weichmacher sind:

Konjunktive (Möglichkeitsformen)

Es soll wohl ein Zeichen von Bescheidenheit, Zurückhaltung und Höflichkeit sein, wenn jemand erklärt:

- „Ich möchte meinen, es wäre vorstellbar ..."
- „Ich würde sagen, diese Zeiteinteilung könnte ..."
- „Ich könnte mir vorstellen, es wäre günstiger ..."
- „Falls es Ihnen nichts ausmacht, hätte ich morgen gern noch einmal kurz mit Ihnen ... erörtert."

Mit diesen Formulierungen wirken Sie zögerlich, unsicher, wenig kompetent und in keiner Weise selbstbewusst. Wesentlich überzeugender bringen Sie Ihre Meinung im Indikativ (Wirklichkeitsform) zum Ausdruck:

- „Ich kann mir sehr gut vorstellen, dass ..."
- „Mit dieser Zeiteinteilung wird es Ihnen gelingen ..."
- „Ich schlage vor, wir machen es so und so ..."
- „Für mich ist es wichtig, morgen mit Ihnen für 10 Minuten über ... zusprechen ..."

Da Sie sich mit Ihren Aussagen identifizieren, vertreten Sie diese auch im Brustton der Überzeugung.

Abschwächende Füllwörter

Sie backen keine „kleinen Brötchen“ mit unverbindlichen und abschwächenden Aussagen, so zum Beispiel:

- „*Normalerweise* entstehen bei dieser Vorgehensweise Schäden.“
- „Wir werden *in etwa* eine mittlere Position einnehmen.“
- „Im A*llgemeinen* funktioniert diese Anlage doch *recht gut*, sodass *kaum* Störungen auftreten.“
- „Dieses Argument ist *gewissermaßen* der Ausgangspunkt für meinen Wunsch …“
- „*Vielleicht* können Sie mir den Plan … bringen.“
- „*Eigentlich* habe ich keine Zeit.“

Hoffnungs-Formulierungen

Statt: „Ich hoffe, mit meinen Ausführungen erreicht zu haben …“
besser: „Ich bin sicher/ich bin davon überzeugt …“

Statt: „Ich glaube, hier wurde ein interessanter Anfang gemacht.“
besser: „Das ist ein interessanter Anfang.“

Entschuldigungen

Mit völlig unnötigen und Ihre Kompetenz mindernden Entschuldigungen am Anfang Ihrer Argumentation schwächen Sie ohne Not Ihre Position und bieten Ihrem Gegenüber Angriffsflächen, die er postwendend nutzen kann. Vermeiden Sie zum Beispiel Formulierungen wie:

- „Verzeihen Sie bitte, aber ich möchte gern …“
- „Ich bin mir nicht ganz sicher …“
- „Sie mögen mich berichtigen, wenn ich feststelle …“
- „Ich weiß nicht genau, ob …“
- „Vermutlich irre ich mich, wenn …“
- „Der genaue Wortlaut ist mir leider entfallen …“
- „Vielleicht ist es ja so …“
- „Nageln Sie mich bitte nicht fest, es ist mir so, als wenn …“
- „Bitte entschuldigen Sie vielmals, aber ich habe eine andere Sicht …“

Streichen Sie jegliche Art von Weichmachern aus Ihrem Vokabular und bemühen Sie sich dafür um eine klare und eindeutige Sprache. Damit erzielen Sie eher eine positive Wirkung auf Ihre Umgebung und stärken damit Ihr Selbstvertrauen. Ein auf Angriff gebürsteter Kontrahent wird sich eher zurückhalten.

Reduzieren Sie Redewendungen, die eine Eskalation bewirken können

Manche unbedacht geäußerten Formulierungen erzeugen Missstimmungen oder gar eine Gegnerschaft, denn sie berühren das Erfolgsstreben unseres Gesprächspartners in negativer Weise. Hierzu einige Beispiele:

1. „Das können Sie mir nicht weismachen!"
2. „Da haben Sie mich falsch verstanden."
3. „Da sind Sie auf dem Holzweg."
4. „Das ist nicht richtig."
5. „Ihr Vorschlag scheint mir wirklich nicht geeignet ..."
6. „Da täuschen Sie sich aber!"
7. „Passt Ihnen das etwa nicht?"
8. „So kann man das doch wirklich nicht sehen!"
9. „Das versteht sich doch von selbst!"

Stattdessen wäre es sinnvoller, aggressionsverhindernde und dem Erfolgsstreben nicht im Wege stehende Formulierungen zu verwenden, die aber Gleiches aussagen.

Nachstehend analysieren wir die vorstehenden Sätze auf ihren Kerngehalt und „übersetzen" sie so, dass ein positives Gesprächsklima erhalten bleibt.

Zu 1.

Klartext: Jetzt will mir der sagen, was richtig ist! Soweit kommt's noch!
Übersetzung: „Ich muss gestehen, dass mich Ihr Argument ... besonders überrascht ..."
„Ich vermute, hier liegt ein Missverständnis vor."
„Bitte erläutern Sie mir näher ..."

Zu 2.

Klartext:	Dussel, pass doch auf, wenn ich was sage!
Übersetzung:	„Da habe ich mich nicht gut ausgedrückt.“
	„Verzeihung, da muss ich mich unklar ausgedrückt haben.“

Zu 3.

Klartext:	Das ist doch ausgemachter Unsinn! Wie kann man nur so falsch liegen?
Übersetzung:	„Wie kommen Sie zu diesem Ergebnis/Vorschlag?“
	„Bedenken Sie bitte folgende Möglichkeit: …“
	„Lassen Sie uns diese Sache aus einer anderen Perspektive betrachten: …“

Zu 4.

Klartext:	Setzen, sechs!
Übersetzung:	„Darüber liegen mir andere Informationen vor.“
	„Womit begründen Sie Ihre Meinung?“
	„Möglicherweise wurden Sie falsch informiert.“

Zu 5.

Klartext:	Womit habe ich es verdient, mir diesen Quatsch anhören zu müssen? Dieser Unsinn ist nicht mehr zu überbieten
Übersetzung:	„Lassen Sie uns gemeinsam nach weiteren Wegen suchen.“
	„Das ist ein interessanter Vorschlag. Zusätzlich sollten wir daran denken …“
	„Der dargestellte Gesichtspunkt ist faszinierend, lässt aber weitere Überlegungen zu, und zwar …“

Zu 6.

Klartext:	Was Sie sagen, ist rundum falsch.
Übersetzung:	„Gibt es hierzu noch weitere Aspekte zu beachten?“
	„Wie kommen Sie zu dieser Auffassung?“
	„Ich vermute hier einen Irrtum/ein Missverständnis …“

Zu 7.

Klartext: Wenn Sie noch länger dagegen reden, werde ich gleich ungemütlich.

Übersetzung: „Welche Bedenken haben Sie?"
„Bitte erläutern Sie mir näher, weshalb Ihnen das nicht gefällt."

Zu 8.

Klartext: Wie können Sie nur so dumm sein?

Übersetzung: „Lassen Sie uns den Punkt einmal aus einem anderen Blickwinkel betrachten."
„Jetzt überraschen Sie mich. Das ist ein völlig neuer Gesichtspunkt!"

Zu 9.

Klartext: Mein Gott, das ist doch klar! Was sprechen Sie überhaupt noch darüber?

Übersetzung: „Klasse, das ist genau der Punkt …"
„Sie haben den Nagel auf den Kopf getroffen!"
„Sie haben vollkommen recht."
„Das hätte ich nicht besser ausdrücken können."

Verwenden Sie Ich- statt Sie-Botschaften

Sollen Konflikte in Gesprächen sozialverträglich gelöst werden, verzichten Sie besser auf Angriffe und Schuldzuweisungen, indem Sie-Botschaften vermieden und durch Ich-Botschaften ersetzt werden. Durch Sie-Botschaften fühlt sich ein Gesprächspartner schnell angegriffen, provoziert und in seinem Selbstwertgefühl herabgesetzt:

1. „Sie fallen mir ständig ins Wort!"
2. „Sie haben keine Ahnung …"
3. „Sie haben den Fehler allein zu verantworten!"
4. „Sie wissen ja überhaupt nicht, wovon Sie reden …"

5. „Sie verschleiern Ihre Aussagen, indem Sie mit Ihren Fachausdrücken angeben …"
6. „Sie verbreiten einen ziemlichen Schwachsinn!"
7. „Sie wollen uns das doch nicht weismachen?!"
8. „Sie müssen doch einsehen …"
9. „Sie torpedieren unsere Zusammenarbeit …"

Sie-Botschaften verschlechtern regelmäßig das Gesprächsklima, denn sie tragen den Keim für ein Streitgespräch in sich.

Demgegenüber signalisieren Sie mit Ich-Botschaften, welche Reaktionen (Gefühle, Gedanken) Ihr Gegenüber bei Ihnen auslöst, gemäß dem Motto: Ich möchte das Gesprächsklima nicht verhärten, sondern offen sagen, wie Ihr Verhalten bei mir ankommt.

Indem Sie von sich sprechen, verzichten Sie auf eine negative Bewertung des Gesprächspartners und greifen ihn nicht an. Dafür kann er nun nachvollziehen, wie Sie sein Verhalten erleben.

1. „Ich habe es nicht gern, wenn Sie mich unterbrechen."
2. „Ich kann nicht nachvollziehen, welche Umstände Ihre Meinung stützen."
3. „Ich kann nicht erkennen, wer sonst noch hierfür die Verantwortung trägt …"
4. „Ich fühle mich von Ihnen zu Unrecht angegriffen, denn Sie verweisen …"
5. „Ich habe das Gefühl, dass Ihre Fachausdrücke nicht für Klarheit sorgen …"
6. „Ich nehme Ihr Argument ernst, glaube aber, es wäre günstiger …"
7. „Ich habe andere Erfahrungen gemacht, nämlich …"
8. „Ich würde mich sehr freuen, wenn Sie …"
9. „Ich mache mir Sorgen über unsere Zusammenarbeit …"

Es vermindert sich die Gefahr, dass der Gesprächspartner eine Kontra-Position einnimmt und eine Eskalation beginnt. Dafür werden ihm die Augen geöffnet, wie er auf seinen Gegenüber wirkt. Nun hat er die Chance, sein Verhalten zu überdenken und gegebenenfalls zu korrigieren.

Die empfohlenen Übersetzungen (Seite 19 bis 21) und Ich-Botschaften (Seite 21/22) haben nichts mit Leisetreterei, Nachgiebigkeit oder geringer Durchsetzungskraft zu tun. Indem Sie bewusst in Vorleistung gehen und „abrüsten", wirken Sie psychologisch treffend auf Mitmenschen ein. Da Sie das Geltungsbedürfnis Ihres Gesprächspartners nicht verletzen, wird dieser anschließend eher zu Konzessionen bereit sein. Goethe brachte es auf den Punkt:

> Mann mit zugeknöpften Taschen,
> dir tut niemand was zulieb.
> Hand wird nur von Hand gewaschen,
> wenn du nehmen willst, so gib!

Pflegen Sie Blickkontakt

Sie erhöhen Ihre Durchsetzungs- und Einflussmöglichkeiten mit einem souveränen Blickkontakt. Ihr Gegenüber wird sich hüten, Sie ohne (aus seiner Sicht) wirklich triftige Gründe anzugreifen, denn es besteht die Gefahr, eine Niederlage zu erleiden.

Menschen, die Gesprächspartnern nicht in die Augen sehen, schaffen Distanz und verhindern ein sachdienliches Gesprächsklima. Zudem zeugt ein fehlender Blickkontakt häufig von Unsicherheit, gar Unterwürfigkeit. Schauen Sie der Person, mit der Sie sprechen, in die Augen. Damit nehmen Sie sie bewusst wahr und können ihre Aussagen besser einschätzen. Bereitet es Ihnen Probleme, einem Menschen in die Augen zu sehen, visieren Sie dessen Nasenwurzel an, was Ihr Gegenüber als Blick in seine Augen wahrnimmt. Vermeiden Sie jede Unruhe im Blickkontakt. Sehen Sie niemals zu Boden, es sei denn, Sie denken einen Moment nach.

Wie deuten Sie folgende Situation?

BEISPIEL:
Hinter einem Schreibtisch sitzt ein Mitarbeiter etwas zusammengesunken mit gesenktem Kopf (ein neutraler Beobachter erkennt sogleich: ein Häufchen Elend). Vor ihm hat sich sein Vorgesetzter aufgebaut und redet lautstark auf ihn ein. Plötzlich setzt sich der Mitarbeiter mit erhobenem Kopf aufrecht hin und schaut dem Vorgesetzten furchtlos in die Augen. Verändert sich in diesem Moment die Gesprächssituation? Regelmäßig ist davon auszugehen: Der Vorgesetzte wird vermutlich einen leiseren Ton anschlagen und sich inhaltlich mäßigen. Denn ihm wird sogleich bewusst, dass der Mitarbeiter nicht mehr widerspruchslos die Tirade über sich ergehen lassen wird, sondern nun zur Gegenwehr ansetzt.

Sprechen Sie selbst, sollten Sie einen zu langen Blickkontakt meiden und Ihren Blick stattdessen zwischendurch einige Momente schweifen lassen, bevor Sie ihn aber immer wieder auf den Gesprächspartner richten. Damit vermeiden Sie ein bedrohlich wirkendes beharrliches Anstarren – unter Primaten stellt das sogar eine Drohgebärde dar.

Antworten Sie auf einen Angriff, nehmen Sie zu dem Kontrahenten Blickkontakt auf, den Sie aber einen Moment vor dem Ende Ihrer Antwort abbrechen. Verweilen Sie mit Ihrem Blick bei Ihrem Gegenüber, fühlt sich dieser möglicherweise zu einem Duell herausgefordert.

Sprechen Sie Ihren Gesprächspartner mit seinem Namen an

Kein Wort unseres Sprachschatzes hat eine so enge Beziehung zu seinem Besitzer wie der Eigenname. Seinen Gesprächspartner mit dem (richtigen!) Namen anzureden, ist nicht nur ein Akt der Höflichkeit, sondern auch ein Zeichen der Wertschätzung.

Und dass die Anrede „Herr“ nicht unterbleiben darf, sollte selbstverständlich sein. Wer mit „Herr“ angesprochen wird, verhält sich viel eher als ein solcher.

Sagen Sie NEIN, statt herumzudrucksen

Sicherlich erinnern Sie sich an Personen, denen ein Nein nur zögerlich über die Lippen kommt oder die ihre Ablehnung und mit fadenscheinigen Gründen zu untermauern versuchen. Dabei tun sie sich schwer, ihrem Gegenüber furchtlos in die Augen zu schauen. Mancher Gesprächspartner erkennt diese Unsicherheit und setzt sogleich nach. Er wittert eine Chance, den Ablehnenden noch umzustimmen, und wird so lange auf ihn einwirken, bis er mit einem „Na gut“ oder „Nur noch dieses Mal“ sein Ziel erreicht hat. Bei einem zu unfairem Verhalten neigenden Kontrahenten kann dieses nachgiebige Verhalten die Erkenntnis reifen lassen, den Gegenüber insgesamt nicht mit Samthandschuhen anfassen zu müssen, sondern ihm den eigenen Willen aufzwingen zu können.

Die Angriffslust des Kontrahenten wird eher gezügelt, wenn zur rechten Zeit ein höfliches, aber entschiedenes Nein die Fronten unmissverständlich klärt. Dabei hilft Ihnen die Überlegung: Sie müssen nicht Everybody‘s Darling sein, indem Sie versuchen, ständig die Erwartungen anderer Menschen zu erfüllen. Kommen Sie Ihren Mitmenschen stets entgegen oder „verbiegen" Sie sich, wird das schamlos ausgenutzt. Ihr Bemühen, es allen recht machen zu wollen, führt schließlich dazu, dass Sie wegen des erkennbar schwach ausgebildeten Durchsetzungsvermögens belächelt werden. Auch lässt man Ihnen gegenüber den gebührenden Respekt vermissen. Nicolas Chamfort vertrat die These:

**Die Fähigkeit, das Wort NEIN auszusprechen,
ist der erste Schritt zur Freiheit.**

Beachten Sie die Wirkung von Emotionen

Die Annahme, der Mensch lasse bei seinen Handlungen im Wesentlichen seine Vernunft walten, ist seit langem widerlegt. Der Psychoanalytiker Sigmund Freud bezeichnete den Menschen als ein emotionales Wesen, das in seinem Verhalten einem Eisberg gleicht:

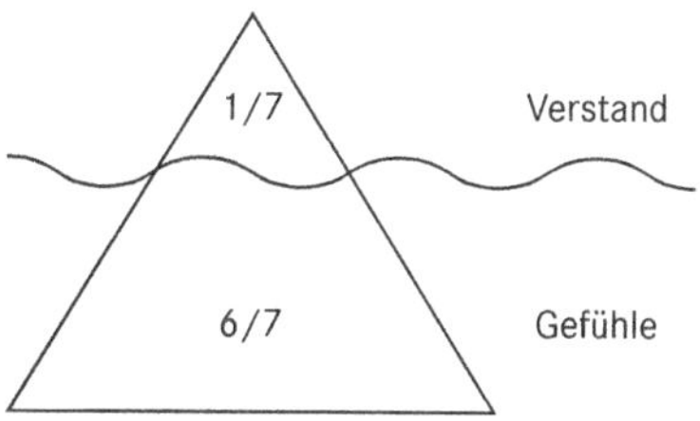

Danach steuert unser Verstand nur etwa ein Siebtel unserer Entscheidungen, während sechs Siebtel von Gefühlen gelenkt werden. So wird nachvollziehbar, dass die Gefühle dem Verstand immer wieder ins Steuer greifen und unser Denken und Handeln weitaus intensiver beeinflussen, als wir uns dessen bewusst sind. Wir schauen oft durch die Brille des jeweils vorherrschenden Gefühls und sehen demzufolge das Leben mal rosarot, mal grau, mal pechschwarz. Je tiefer wir mit unseren Gefühlen in eine Situation verwickelt sind, desto schlechter können wir sie einschätzen. Und ist erst einmal der Verstand ausgeschaltet, lassen wir uns eher beeinflussen.

Sie lassen sich möglichst nicht von Ihren Gefühlen manipulieren, sondern fragen sich: „Wie sieht die Sache ohne Gefühle aus?" Indem Sie sich vor spontanen Entscheidungen „aus dem Bauch heraus" hüten, vermeiden Sie gefühlsorientierte Ad-hoc-Entscheidungen, die Sie später bereuen.

Es ist leichter geschrieben als getan:

- Bei emotionaler Betroffenheit wird schnell der Wunsch wach, es dem anderen mit gleicher Münze heimzuzahlen. Damit einher geht jedoch der Verlust eines Teils der eigenen Souveränität. Nur wenn es in Ihren Plan passt, geben Sie diesen Gefühlsregungen nach.
- Akzeptieren Sie stark emotional reagierende Menschen, sofern diese die Gepflogenheiten eines zivilisierten Mitteleuropäers beherzigen. Tatsächlich sind oft die rein sachlichen Unterschiede erheblich geringer als hochgepeitschte Gefühlswogen.

Stellen Sie Ihre Meinung kurz, präzise und überzeugend dar

Ihre Aussagen bieten weniger Angriffsflächen, wenn Sie Weitschweifigkeit vermeiden und nicht um den heißen Brei herumreden. Falls sich das nicht verhindern lässt, tragen Sie Ihre Gedanken nicht bis in das letzte Detail vor, sondern kommen Sie mit einer in sich schlüssigen Argumentation auf den Punkt. Ihre Vorschläge – insbesondere im Rahmen von Diskussionen – werden weniger angreifbar, wenn Sie Ihre Überzeugungskraft mit der Standpunktformel stärken:

Takt 1: Standpunkt	Ja/Nein = Ihre Meinung Indem Sie ohne Umschweife sagen, ob Sie die Pro- oder Contra-Position vertreten, ziehen Sie Aufmerksamkeit auf sich.
Takt 2: Begründung	Bringen Sie nur die wichtigsten Argumente.
Takt 3: Beispiele	Beispiele dienen als Belege und Illustrationen für Ihre Argumente.
Takt 4: Schlussfolgerung	Sie fassen Ihre Argumente zusammen und ziehen die Konsequenzen hieraus.
Takt 5: Aufforderung	Die Anwesenden sollen in Ihrem Sinne urteilen und handeln.

Spielen Sie bei Unangenehmem auf Zeit

Fühlen Sie sich persönlich betroffen oder angegriffen, kommt es bei Ihnen unbewusst zu einer inneren Eskalation. Diese weckt Aggressionen, sodass die Kommunikation zunehmend stressiger wird. Statt eine Situationsverbesserung herbeizuführen, wird eine weitere Eskalationsstufe erreicht und die Akteure entfernen sich mental voneinander.

Ideal wäre es, durchgehend die Contenance (= Zurückhaltung, Selbstbeherrschung, Selbstdisziplin) zu bewahren, gelassen und souverän zu reagieren, sodass Ihr Kontrahent mit höherer Wahrscheinlichkeit auf dem Teppich bleibt. Das Ergebnis: Ihr Kopf bliebe oben und Ihr Puls unten. Mahatma Gandhi gab zu bedenken:

> Wenn du im Recht bist, kannst du es dir leisten, die Ruhe zu bewahren und wenn du im Unrecht bist, kannst du es dir nicht leisten, sie zu verlieren.

Bevor es Ihrerseits zu ungefilterten und unbedachten Reaktionen kommt, lohnt es sich oftmals, tief durchzuatmen. Erwiesenermaßen beruhigt Tiefenatmung Ihren Organismus und verschafft Ihnen einen Moment des Nachdenkens, sodass Sie eher sachlich und ruhig reagieren. Ein ruhiges und beherrschtes Sprechen trägt zusätzlich zum Abklingen heftiger Emotionen bei.

Falls Sie aber Schwierigkeiten haben, Ihre Gefühle unter Kontrolle zu halten, können körperliche Aktivitäten besonders hilfreich sein. Mit dem Hinweis „Ich brauche jetzt etwas Bewegung, sonst macht mein Kreislauf nicht mit. Sie haben doch sicherlich nichts dagegen, wenn ich während unseres Gesprächs ein bisschen herumlaufe?" erheben Sie sich und gehen im Raum auf und ab. So „erden" Sie sich, bauen schneller Emotionen ab und verstärken Ihre Gehirnleistung.

Geht das Gespräch dennoch in eine unerwünschte Richtung oder ist die Situation für Sie kaum mehr zu ertragen, brechen Sie das Gespräch ab und setzen es später fort, wenn Sie Ihr seelisches Gleichgewicht wiedergefunden haben, zum Beispiel mit den Worten:

„Entschuldigung, wir müssen jetzt unser Gespräch unterbrechen,

- ich brauche unbedingt etwas frische Luft."
- ich habe einen wichtigen Rückruf in einer Minute zugesagt."
- mit dieser Gesprächsdauer habe ich nicht gerechnet. Jetzt wartet ein weiterer unaufschiebbarer Termin auf mich."

Indem Sie sich etwas Zeit verschaffen und die Fortführung verschieben, besteht die Chance, Ihre Vorgehensweise in Ruhe zu überdenken und danach das Gespräch aus einem überlegenen Blickwinkel gut präpariert fortzusetzen.

Beschränken Sie sich in Ihrer Argumentation möglichst auf Fakten

Verwenden Sie keine unklaren Pauschalformulierungen, Verallgemeinerungen, nicht belegbare Behauptungen und Floskeln. Gnadenlose Verallgemeinerungen wie beispielsweise die Attribute „immer", „absolut sicher", „nie", „ständig" oder „alles" schießen zumeist über das Ziel hinaus und berühren nur selten den Kern der Sache. In den seltensten Fällen treffen sie in dieser Ausschließlichkeit zu, sodass Ihre entsprechende Argumentation angreifbar wird:

- „Sie kommen doch immer zu spät und bauen ständig Mist."
- „Das schaffen Sie doch nie."

Mit nebulösen Feststellungen wie

- „Ich glaube erkannt zu haben ..."
- „Im Laufe der Zeit haben Sie schon mehrfach ..."
- „Es ist mir schon seit vorigem Monat aufgefallen ..."

besteht die Gefahr, sich selbst in Schwierigkeiten zu bringen. Hier müssen Sie mit folgenden Reaktionen rechnen:

- „Was haben Sie konkret erkannt?"
- „Was Sie mir ankreiden, daran kann ich mich nicht erinnern. Wann soll das wo und in welchem Zusammenhang gewesen sein?"
- „Damit wir nicht aneinander vorbeireden. Bitte helfen Sie mir auf die Sprünge. Ihren Vorwurf kann ich keiner konkreten Situation zuordnen."

Bleiben Sie eine klärende Antwort schuldig, treten Sie entweder den Rückzug an oder versuchen, sich mit weiteren spitzfindigen Entgegnungen zu behaupten.

Nur mit eindeutigen Fakten können Sie es verhindern, dem Kontrahenten ins offene Messer zu laufen. Handelt es sich um eine Situation aus dem Alltagsleben, sollten Sie das Angesprochene idealerweise selbst beobachtet haben. Nehmen Sie die Schilderungen anderer Personen als Basis, können Sie nie sicher sein, ob Sie sich auf festem Boden bewegen oder nicht doch auf Verfälschungen oder Denunziationen hereinfallen.

Lehnen Sie Kompromisse nicht generell ab

Gehören Sie zu den Personen, die sich ein Gesprächsziel setzen und sich anschließend mit allen Möglichkeiten bis zum Umfallen engagieren, um dieses Ziel auch zu erreichen? Vermutlich zählen Sie dann zu den Menschen, die aus Eigensinn, Sturheit oder Rechthaberei den eigenen Kopf durchsetzen wollen und nicht bereit sind, auf andersartige Vorstellungen von Mitmenschen einzugehen. Mit dieser Haltung verhindern Sie sinnvolle Kompromisse, ecken im Leben häufig an und geraten immer wieder in Streit mit anderen Personen. Sie verkennen, dass wir in einem gedeihlichen Zusammenwirken mit Verwandten, Freunden, Bekannten, Kollegen, Mitarbeitern und Kunden nicht darum herumkommen, ab und zu einen Kompromiss zu schließen. Ihr Ziel sollte es nicht sein, mit dem Kopf durch die Wand zu rennen, sondern mit den Augen die Tür zu finden.

Mit einem Kompromiss sind beide Parteien bereit, zugunsten einer Einigung Abstriche von ihrem Idealziel zuzulassen. Da die Beteiligten gleichermaßen Zugeständnisse machen, fühlt sich niemand als Verlierer. Mangelt es jedoch an Kompromissbereitschaft, kann das das Zünglein an der Waage für eine unnötige Konfrontation sein.

Ein Kompromiss ist nichts Verwerfliches, wenn Sie darunter keine Abmachung verstehen, bei der Sie großzügig auf die Rechte des Gesprächspartners verzichten. Über diese Einigungsmöglichkeit lässt sich nichts Negatives feststellen, wenn Sie einen Kompromiss im Sinne von Ludwig Erhard definieren:

> **Ein Kompromiss ist die Kunst, einen Kuchen so zu teilen,
> dass jeder meint, er habe das größte Stück bekommen.**

Mit dem Kompromiss erzielen Sie eine für beide Seiten halbwegs tragbare Lösung. Sie sind allerdings nicht bereit, faule Kompromisse einzugehen. Derartige Scheinlösungen schaffen nur kurzfristig Beruhigung, längerfristig bewirken sie neue Diskussionen, Konflikte, Gegenwehr sowie Resignation.

2 Gegenwehr:

Wie reagiere ich auf unredliche Verhaltensweisen?

Richtig reagieren ist trainierbar

Ihrem Naturell und Ihren bisherigen Erfahrungen entsprechend werden Sie eine der nachfolgend beschriebenen Reaktionsmöglichkeiten bevorzugen. Weil es aber keine Allzweck-Abwehrstrategie gibt, die jedem Angriff in bester Weise gerecht wird, lohnt sich ein Überblick über denkbare Abwehrmöglichkeiten. Die Alternativen zu Ihrer bisherigen Vorgehensweise sollten Ihnen schon bekannt sein, weil unterschiedliche Situationen auch unterschiedliche Reaktionen erfordern.

Sie werden nicht jeden geringfügigen Angriff oder jede ungeschickte Äußerung nach dem Motto „Die Strafe folgt auf dem Fuß" sogleich sanktionieren. Bei näherer Betrachtung erweist sich manches Verhalten nicht als Boshaftigkeit, sondern beispielsweise als Ausdruck individueller Erfahrung oder als persönliche Schwäche, über die wir hinwegschauen sollten. Allerdings darf sich ein permanenter Streitpromoter nicht wundern, wenn Sie bei seinen Angriffen die Reißleine ziehen und ihn zur Zielscheibe Ihrer massiven Gegenwehr machen.

Ihre jeweilige Abwehrstrategie sollte flexibel den sachlichen Gegebenheiten und dem Aggressivitätsniveau der Auseinandersetzung angepasst sein. Wenn es Ihrer Interessenlage entspricht, kann es im Einzelfall klüger sein, nachzugeben.

Reaktionsmöglichkeit: Ignorieren

Sie ignorieren einen Angriff, wenn es sich um einen einmaligen Ausrutscher eines ansonsten friedfertigen Menschen handelt. Denken Sie an einen umgänglichen „handzahmen" Menschen, der gerade ein Misserfolgserlebnis hatte und nun seine Frustrationen an Ihnen abreagiert, weil Sie ihm gerade zur Verfügung stehen und sich zur falschen Zeit am falschen Ort befinden. Mit einem sonst unüblichen Angriff dienen Sie ihm als Blitzableiter, obwohl Sie ihm keinen Anlass für sein negatives Verhalten gegeben haben. Er steht unter Druck und nutzt Sie als Ventil für den notwendigen Druckausgleich.

Im Regelfall genügt eine kurze Antwort („Bitte mäßigen Sie sich, ich habe Ihnen doch keinen Anlass für Ihren Ausraster gegeben"), Ihr Gegenüber entschuldigt sich und der Fall ist „gegessen".

Auch müssen Sie nicht bei jeder dummen Bemerkung reagieren, wenn es um Unwichtiges geht, eine Diskussion zu nichts führen würde oder der Aufwand viel zu hoch wäre.
Der Schriftsteller Wieslaw Brudzinski gibt zu bedenken:

Der Verstand sieht jeden Unsinn,
Vernunft rät, manches davon zu übersehen.

Keine Antwort ist auch eine Antwort. Diese Aussage bestätigen Sie, indem Sie auf manche Angriffe nicht mit einer mündlichen Entgegnung reagieren. Mancher Aggressive ist völlig konsterniert, wenn Sie ihm nicht den Gefallen erweisen, sich inhaltlich mit ihm in mündlicher Form zu beschäftigen. Rückendeckung gibt der Schriftsteller Ernst Jünger:

Nur wenige sind es wert, daß man ihnen widerspricht.

Dafür können strafende, nonverbale Signale (vgl. Seite 176) eine nachhaltige Wirkung erzielen.

Abgesehen von vorstehenden Ausnahmen kommt für Sie ein Ignorieren aber nicht in Betracht, selbst dann nicht, wenn Ihre momentane Befindlichkeit ein Einknicken wünschenswert erscheinen lässt.

Mancher sich unterlegen fühlende Angegriffene „übersieht" gegen ihn gerichtete massive Handlungen („Augen zu und durch" oder „Mit Beton kann man nicht streiten"), in der Hoffnung, dass die Situation nicht eskaliert und die Angriffe sich durch Nichtbeachtung totlaufen. Sie nehmen nicht zur Kenntnis, dass unter den Teppich gekehrte Konflikte eskalieren und sich irgendwann mit Brachialgewalt zu entladen pflegen. Die zunächst bewirkte Scheinharmonie erweist sich dann als Fata Morgana, wenn die eskalierende Situation das anfängliche Ausblenden ad absurdum führt.

Vielleicht fühlen Sie sich einer Konfliktsituation ohnmächtig ausgeliefert oder wollen sich keine Unannehmlichkeiten einhandeln. Sie beschließen, dem Kontrahenten so gut es geht aus dem Wege zu gehen („Der Kerl ist künftig für mich Luft."). Allerdings ist dieses Vermeidungsverhalten aussichtslos, wenn sich die Akteure immer wieder über den Weg laufen. Hinzu kommt, dass dieses Verhalten Sie zu ständigen Ausweichmanövern zwingt, die Sie in Ihrer Lebensgestaltung einengen und zum Verlust von Lebensqualität führen.

Auch gehören Bemerkungen wie „Nur nicht daran rühren“ oder „Die Zeit heilt alle Wunden“ zum Repertoire unsicherer oder übervorsichtiger Menschen. Trifft es wirklich zu, dass sich derjenige, der nichts tut, auf der sicheren Seite des Lebens befindet? Molière erkannte:

> Wir sind nicht nur verantwortlich für das, was wir tun,
> sondern auch für das, was wir nicht tun.

Verdrängen Sie Konflikte, bauen Sie um sich eine Scheinwelt auf, die irgendwann zusammenbricht. Mit Verdrängung und restriktivem Verhalten wird die gute Chance vertan, eine gemeinsame Lösung zu finden und ein gedeihliches Miteinander zu fördern.

Wenn Ihnen etwas nicht gefällt und Sie sich hierdurch massiv gestört fühlen, sollten Sie die Situation ansprechen. Schlechter kann es schließlich kaum mehr werden, allerdings besteht die Chance, dass sich anschließend die Situation zum Guten wendet.

Sprechen Sie das Störende aber nicht an, ärgern Sie sich weiter über die unbefriedigende Situation. Über den vielen Ärger verleiden Sie sich unbewusst Ihr Leben, sodass Ihre Lebensqualität sinkt. Bei der durch Ärger bewirkten negativen Hormonlage gerät eine Lebensweisheit von William Somerset Maugham schnell in Vergessenheit:

> In jeder Minute, die man mit Ärger verbringt,
> versäumt man 60 glückliche Sekunden.

Die körperlichen Reaktionen bei Ärger umschreibt der Volksmund zutreffend:

- Immer wieder ärgere ich mich schwarz …
- Darüber zerbreche ich mir schon seit langem den Kopf.
- Davon bekomme ich weiche Knie/eine Gänsehaut.
- Mir lief die Galle über.
- Das hat mir die Sprache verschlagen.
- Ich habe von ihm die Nase gestrichen voll.
- Ihm muss ich ständig die Stirn bieten.
- Das ist wieder einmal zum Kotzen.

- Mir blieb die Luft/die Spucke weg.
- Ich kann sie nicht mehr sehen/hören.
- Da heißt es, die Zähne zusammenbeißen.
- Es standen mir die Haare zu Berge.
- Er liegt mir schon seit Wochen schwer im Magen.

Fazit

Da Konflikte allgegenwärtig sind und ein normales Phänomen darstellen, wäre es fatal, Konflikte geflissentlich zu übersehen, notfalls zu leugnen und überhaupt nichts zu tun.

Sehen Sie der Realität ins Auge und geben Sie Ihre Vogel-Strauß-Politik auf. Ungelöst schwelende Konflikte verschlechtern allmählich das Klima und verhindern über kurz oder lang ein harmonisches Zusammenleben oder eine zielgerichtete Zusammenarbeit.

Wer zwingt Sie, auf einen unfairen Angriff einzugehen? Haben Sie stattdessen schon einmal ein Ablenkungsmanöver gestartet und damit die Situation gerettet?

Das Ablenkungsmanöver könnte wie folgt aussehen:

- „Was Sie sagen, ist interessant. Da fällt mir aber ein, dass wir unbedingt über … reden müssen."
- „Der Punkt … ist überhaupt noch nicht zur Sprache gekommen. Bevor er vergessen wird, weise ich darauf hin …"

Nun haben Sie ein Ihnen genehmes Thema in den Vordergrund gerückt, über das Sie ausladend sprechen. Mit dieser Technik, die von Spitzenpolitikern in Interviews gerne genutzte wird („Auf Ihre in die Vergangenheit weisende Frage will ich nicht antworten, denn viel wichtiger für uns alle ist doch, nach vorne zu schauen, wobei …"), lenken Sie die Aufmerksamkeit von bisherigen Dissonanzen auf ein neues Gleis. Indem Sie Ihren Gesprächspartner zusätzlich mit Fragen in das neue Thema einbinden, aktivieren Sie ihn und führen ihn von seinem Angriff weg in die von Ihnen vorgesehene Richtung.

Fällt Ihnen partout keine passende Antwort ein, ist es besser, eine Notfallreaktion (Seite 177) zu zeigen, statt verunsichert und sprachlos auf das unverschämte Vorgehen des Kontrahenten zu reagieren.

Reaktionsmöglichkeit: Nachgeben

Insbesondere Menschen, die konfliktscheu sind oder gerne wohlgelitten, nett und freundlich wirken wollen, haben häufig Schwierigkeiten, sich zur Wehr zu setzen. Um nicht unangenehm aufzufallen oder anzuecken, vertreten sie stiefmütterlich und kleinlaut die eigenen Interessen und sind eher bereit, nachzugeben und ihren Kontrahenten zuzustimmen. Dabei übersehen sie eine immer wieder durch die Praxis bestätigte Erkenntnis: Je größer unsere Bereitschaft ist, jemandem nachzugeben, umso mehr wird er in der Zukunft von uns fordern. Er wird unsere Schwäche so lange ausnutzen, bis schließlich nichts mehr zu holen ist und wir für ihn uninteressant geworden sind.

Lassen wir uns bösartige Attacken ohne Gegenwehr gefallen oder geben wir häufig nach, werden wir von unseren Mitmenschen bald als Weichling, Weichei, Kopfnicker, Softie, Leisetreter, Ja-Sager oder Schwächling eingeordnet mit der bitteren Folge, dass wir immer häufiger angegriffen und systematisch unterdrückt werden. Da eine Gegenwehr ausbleibt, bekommen Angreifer Oberwasser und werden sich bei ihrem aggressiven Verhalten kaum mehr zügeln. Zugleich schwächen sich unser Selbstbehauptungswille und unser Durchsetzungsvermögen sukzessive ab, was zunehmend dazu führt, dass wir fast widerspruchslos nachgeben.

Zutreffend heißt es in einem persischen Sprichwort:

Der ist leicht zu schlagen, der sich einmal schlagen ließ.

Waren wir mehrfach der Verlierer, kommen wir uns selbst nach einiger Zeit schwach, zaghaft und unterlegen vor. Es fehlt der Mut, aggressiven Mitmenschen die Stirn zu bieten, sie in ihre Schranken zu weisen und die eigenen Interessen selbstbewusst zu vertreten. Bald werden wir von anderen Menschen zum Aggressionsobjekt abgestempelt.

Mancher Angegriffene rechtfertigt seine Zurückhaltung mit dem gern vorgebrachten Standardsatz: Der Klügere gibt nach. Überdenken Sie bitte den Wahrheitsgehalt dieser Floskel: Gibt der Klügere nach, geschieht nur das, was der Dümmere will. Ob Sie sich mit dieser Situation arrangieren können? Wohl kaum. Zu Recht haben Skeptiker längst erkannt:

Der Klügere gibt solange nach, bis er der Dumme ist!

Bei ständigem Nachgeben kommt Ihr selbstbewusstes Auftreten und Ihr aufrechter Gang abhanden und Sie zeigen über Ihre Körpersprache Unsicherheit (vgl. Seiten 16/48) und die Bereitschaft, sich unterzuordnen.

Über das Nachgeben hinaus machen sich manche Menschen bewusst klein und versuchen, Sympathien beim Angreifer durch übergroßes Bemühen und noch mehr Entgegenkommen und Anpassung zu erwerben. Sie verhalten sich wie ein geprügelter Hund. Mit ihrer Unterwürfigkeit geraten sie in eine Opferrolle, „betteln" um Wohlwollen und werden so zu Wachs in den Händen ihrer Widersacher.

Wer sich klein macht, wird klein gemacht!

Will sich der Angegriffene einen Rest Selbstwertgefühl erhalten, kann er die Strategie „Nachgeben" auf Dauer nicht durchhalten, sondern sollte weitere Reaktionsmöglichkeiten in Betracht ziehen.

Fazit
Nachgiebigkeit mag auf den ersten Blick zu einem konfliktfreien Umgang mit anderen Personen beitragen. Wollen Sie aber nach häufigem Zurückweichen nicht den aufrechten Gang verlernen, ist Ihre angemessene Gegenwehr eine Frage der menschlichen Selbstachtung! Sie haben sich selbst gegenüber eine „Wehrpflicht" (= die Pflicht, sich zu wehren). Bertolt Brecht beobachtete:

Wer kämpft, kann verlieren.
Wer nicht kämpft, hat schon verloren.

Reaktionsmöglichkeit: Gegenhalten und Durchsetzen

Manche Menschen bezeichnen das gesamte Leben als einzigen Kampf, in dem man siegen oder untergehen müsse. Für die Umgebung ist es häufig schwer, zu solchen Menschen ein dauerhaftes Vertrauen aufzubauen, weil diese Kampfhähne aus ihrem misstrauischen Blickwinkel heraus überall Gefahren sehen, Angriffe wittern und demzufolge sehr misstrauisch sind.

Um gegen einen solchen Kontrahenten nicht das Nachsehen zu haben, können Sie nach der Devise „Auf einen groben Klotz gehört ein grober Keil" oder „Der Stärkere gewinnt im Leben" gegen ihn aufrüsten, das Kriegsbeil ausgraben, die Ärmel hochkrempeln und mit harten Bandagen kämpfen –

mit dem Ziel, sich als der Stärkere durchzusetzen. Mit drastischen Entgegnungen könnte es Ihnen gelingen, bei Ihrem Kontrahenten „bleibende Eindrücke“ zu hinterlassen, zum Beispiel:

- „Wir leben alle unter dem gleichen Himmel, aber wir haben leider nicht alle den gleichen Horizont. Der Ihre ist nach Ihrem Auftreten zu urteilen doch sehr begrenzt.“
- „War das alles? Haben Sie sonst nichts Gescheites auf Lager? Da hatte ich Ihnen aber mehr zugetraut, Sie enttäuschen mich!“
- „Für Sie habe ich einen gut gemeinten Rat: Bevor Sie Ihre Sprechwerkzeuge in Gang setzen, sollten Sie besser Ihre grauen Zellen einschalten.“
- „Bei manchen Menschen ist die Problemzone nicht Bauch, Beine und Po, sondern der Kopf!“
- „Ach wissen Sie, Sie können mich nicht meinen. Lassen Sie ruhig Dampf ab. Was stört es den Mond, dass ihn der Wolf anheult?“
- „Mit leerem Hirn spricht man nicht!“
- „Denken ist die schwerste Arbeit, die es gibt. Deshalb drücken sich manche Menschen davor. Gehören Sie etwa auch zu diesen Drückebergern?“
- „Manche Menschen sind der lebende Beweis dafür, dass Hirnversagen nicht unmittelbar zum Tod führt.“

Hiernach würde sich schnell herausstellen, aus welchem Holz Ihr Kontrahent geschnitzt ist. Entweder träte er den Rückzug an in der Erkenntnis, in Ihnen seinen Meister gefunden zu haben, mit dem nicht gut Kirschen essen ist, oder die Auseinandersetzung würde Fahrt aufnehmen. Ein Wort gäbe das andere, die Atmosphäre würde immer hitziger, die Lautstärke steigen – bis schließlich nach den psychischen Angriffen das Faustrecht die Beweiskraft übernähme.

In dieser drastischen Form sollten Sie nur ausnahmsweise dann ein Exempel statuieren, wenn Sie sich in einer vorteilhaften Position befinden, über gute Nerven verfügen und Durchhaltevermögen besitzen, um nicht frühzeitig das Handtuch zu werfen. Dann nehmen Sie bewusst eine Eskalation in Kauf, die im Extremfall folgenden Verlauf haben kann:

- Einem positiven Selbstbild wird ein negatives Feindbild gegenübergestellt. Der Gute soll gegen den Bösen siegen. Die Devise lautet „Er oder ich“. Vorsorglich wird um Verbündete geworben.
- Der Kontrahent wird gegenüber Dritten diskriminiert, unsichtbare Schranken, die bislang unser Verhalten beeinflussen, fallen.

- Gegenseitige Drohungen und zunehmendes Misstrauen erschweren allen Beteiligten den Umgang miteinander.
- Es geht ans Eingemachte: Die Existenz des Kontrahenten wird erschüttert.
- Zum Schluss spielt nur noch die Genugtuung eine Rolle, im eigenen Untergang den Feind mit in den Abgrund zu reißen.

Ausnahmsweise und nur in Notwehrsituationen werden Sie das schwere Geschütz des persönlichen Angriffs in Stellung bringen. Schließlich laufen Sie hierbei stets Gefahr, dass der Schuss nach hinten losgeht. Schon mancher ist als Löwe gesprungen und als Bettvorleger gelandet. Im Übrigen wollen Sie sicherlich von Ihrer Umwelt nicht als unangenehmer Zeitgenosse eingeordnet werden, der sich als Streithahn ständig in Lauerposition befindet mit einem scharf gemachten Zuschnapp-Mechanismus. Vermutlich wollen Sie auch nicht mit dem US-amerikanischen Präsidenten Donald Trump gleichgestellt werden, der eine sehr problematische Empfehlung abgab: „Wenn jemand dich herausfordert, schlag zurück. Sei brutal, sei hart."

Einen weiteren Gesichtspunkt sollten Sie beachten: Würden Sie sich darin gefallen, „knallhart" einen unterlegenen Gegner „abzubürsten", könnte schnell eine ungünstige David-gegen-Goliath-Situation entstehen: Anwesende stellen sich häufig auf die Seite des Schwächeren. Denken Sie an den biblischen Goliath, der als der offensichtlich Stärkere dennoch die Bühne als Verlierer verließ.

Bedenken Sie auch, ob sich ein zu teuer errungener Sieg auszahlt. Hier sei an König Pyrrhus erinnert, der mit seiner Streitmacht die Römer in der Schlacht von Asculum besiegte und danach feststellte: „Noch so ein Sieg und wir sind verloren!"

Fazit

Werden wir verbal von einem polternden Angreifer hart bedrängt und persönlich massiv angegriffen, sollten wir unsere Zurückhaltung aufgeben. Aus der Verhaltensforschung ist bekannt, dass ein rechtzeitiges, vorbeugendes und standhaftes Eintreten für die eigenen Interessen den anderen von einer Auseinandersetzung abhalten kann. Wir verschaffen uns Respekt nach dem Motto: „Wehret den Anfängen!"

Dennoch sollten wir die bewusste Verletzung des Selbstwertgefühls des anderen vermeiden, um unser Umfeld nicht zu vergraulen, keine verbrannte Erde zu hinterlassen und keine auf Dauer angelegte Intimfeindschaft zu zementieren. Sind Ihre Abwehrreaktionen zu massiv und fühlt sich Ihr Kontrahent von Ihnen „plattgemacht", müssen Sie damit rechnen, einen „Feind fürs Leben" gewonnen zu haben. Gewöhnen Sie sich besser rechtzeitig an, achtsamer mit Ihren Mitmenschen umzugehen.

Reaktionsmöglichkeit: Kontern und Rückkehr zur Sache

Die bisher erläuterten Abwehrstrategien stellen im Regelfall keine erfolgreichen Abwehrreaktionen dar. Erfahrungsgemäß ist es günstiger, auf persönliche Angriffe und unredliche Verhaltensweisen ruhig und sachlich zu kontern (je nach Situation verhalten/abgeschwächt oder auch drastisch) und danach ohne Pause die eigene Aussage mit einem zur Sache zurückführenden Hinweis oder einer Frage abzuschließen. Hierbei gilt der römische Grundsatz:

Fortiter in re suaviter in mode
(Hart in der Sache, aber weich in der Form)

Würden Sie lediglich kontern, könnte der Gesprächspartner die Kontroverse fortsetzen, ein Wort gäbe das andere, das Gesprächsklima würde sich weiter abkühlen und die unerwünschte Konfliktsituation könnte eskalieren.

Würden Sie nach dem Konter eine Pause machen, könnte Ihr Gegenüber die Gelegenheit nutzen, Ihnen sofort wieder Paroli zu bieten. Mit der unverzüglichen Überleitung auf die Sachebene besteht die Chance, dass sich die angespannte Situation zu entkrampfen beginnt.

Mit einer Frage gelingt es Ihnen besser, eine Konfrontation aufzulösen. Denn, wenn Sie eine Frage stellen,

- führen Sie den Befragten in die von Ihnen gewollte Richtung,
- aktivieren Sie in ihm Denkprozesse, sodass Emotionen eher in den Hintergrund treten,
- generieren Sie Antworten.

Auf Ihren Kontrahenten kann es beeindruckend wirken, wenn Sie während Ihres Konters und der folgenden Überleitung auf die Sachebene Souveränität signalisieren, indem Sie:

- eine aufrechte Sitzposition einnehmen
  Sie sitzen ganz auf dem Stuhl und nicht nur auf der vorderen Kante, womit Sie Fluchtverhalten andeuten. Sie bleiben aufrecht sitzen und sacken nicht in sich zusammen.
- einen intensiven Blickkontakt beibehalten
  Sie sehen Ihren Kontrahenten bestimmt und furchtlos an. Damit signalisieren Sie zweierlei: „Meine Aussagen sind wichtig" und „Sie und Ihre Aussagen sind mir wichtig."
  Mit Ihrem Blickkontakt haben Sie den Gesprächspartner „im Griff", erkennen sofort die Wirkung Ihrer Worte und können sich besser auf Ihren Kontrahenten einstellen. Schauen Sie aber verlegen oder betreten zu Boden, dürften die Würfel gegen Sie gefallen sein. Demgegenüber signalisiert der Blick nach oben Ihre optimistische Grundeinstellung.
- einen aufmerksamen Gesichtsausdruck zeigen
  Die Mimik sollte neutral sein. Ein angedeutetes leichtes Lächeln kann die Gesprächsatmosphäre verbessern – jedoch keinesfalls ein hämisches Grinsen.
- eine gut verständliche Lautstärke bevorzugen
  Ein zu leises Sprechen/Wispern nach dem Motto: „Entschuldigen Sie bitte, dass ich geboren wurde" weist auf Unsicherheit und schwaches Durchsetzungsvermögen hin.
- ein normales Sprechtempo anschlagen
  Sind wir aufgeregt oder fühlen wir uns angegriffen, erhöht sich regelmäßig das Sprechtempo bis zu dem Punkt, wo sich die Stimme überschlägt. Im Extremfall werden nur noch Satzfragmente ausgestoßen, weil „einem die Luft wegbleibt". Sprechen Sie zu schnell, machen Sie auf den Zuhörer einen nervösen und gehetzten Eindruck und lassen unterschwellig ein Fluchtverhalten erkennen.
- ein wenig tiefer sprechen als gewöhnlich
  Damit strahlen Sie persönliche Autorität aus. Zugleich neutralisieren Sie Ihre Nervosität, die normalerweise dazu führt, in einer etwas höheren Stimmlage zu sprechen.
- eine offene Körperhaltung praktizieren
  Werden die Arme verschränkt, das heißt vor der Brust gekreuzt, lässt Ihre Haltung erkennen, dass Sie sich bedroht fühlen und sich in sich zurückziehen. Mit einer offenen Körperhaltung lassen Sie Ihre Gesprächs- und Kooperationsbereitschaft erkennen.

Fazit

Mit einem selbstsicheren, furchtlosen und abwehrenden Konter der Marke „Hallo, mit mir nicht!“ kann eine abschreckende Wirkung verbunden sein. Soll ein Gespräch nicht in ein Tohuwabohu abgleiten oder vorzeitig beendet werden, ist die Methode „Kontern und Rückkehr zur Sache“ besonders zu empfehlen. Mit Ihr gehen Sie auf die unerwünschte Verhaltensweise Ihres Kontrahenten ein, zeigen ihm seine Grenzen auf und ermöglichen anschließend durch die von Ihnen gestellte Frage eine Gesprächsfortsetzung auf sachlicher Basis.

Je aggressiver sich Ihr Kontrahent verhält, umso ruhiger, gelassener und gentlemanlike-freundlicher verhalten Sie sich, um eine weitere Eskalation der zur sachlichen Problemlösung ungeeigneten Aggression zu vermeiden. Hilfreich kann der 3000 Jahre alte Rat des „weisen“ König Salomon sein:

Eine sanfte Antwort dämpft die Erregung,
kränkende Rede reizt zum Zorn.

3 Schlagfertigkeit:

So wehre ich persönliche Angriffe ab und entlarve Scheinargumente, Denkfehler, Unredlichkeiten und sonstige Verbalattacken

Gut gewappnet gegen verbale Angriffe

Selbstvertrauen und Gelassenheit sind Ihre Airbags und bewahren Sie vor psychischen Verletzungen. Sind Sie zudem auf Verhaltensfouls wie Unredlichkeiten und Bösartigkeiten vorbereitet, spricht für Sie ein taktischer Vorteil: Sie werden im Ernstfall nicht mehr überrascht, sondern können sich gegen die Angriffe des Kontrahenten erfolgreich zur Wehr setzen.

Zugegeben, mancher der folgenden Punkte liest sich unverfänglich und lässt die unterschwellige Brisanz auf den ersten Blick nicht erkennen. Um die Aussage zutreffend einordnen zu können, fehlt die visuelle (Gestik, Mimik, Körpersprache) und akustische (Sprechtempo, Betonung, Stimmlage) „Begleitmusik". Für die folgenden Aussagen unterstellen wir, dass aus der „Begleitmusik" und dem bisherigen Gesprächsverlauf die Angriffsabsicht zu entnehmen ist.

Die nachfolgend erörterten, mehr oder weniger anrüchigen Taktiken sollten Sie nicht als Patentrezepte zur geschickteren Manipulation Ihrer Mitmenschen ansehen und hiernach Ihr Vorgehen ausrichten. Diese unfairen Methoden mögen Ihnen vielleicht kurzfristig Erfolge bringen oder sogar helfen, einen glänzenden Sieg einzufahren. Doch auf lange Sicht bereiten Sie sich damit einen Bärendienst. Denn Ihre Gesprächspartner haben ein intensives Gespür dafür, wenn ihnen Übles angetan wird. Schnell haben Sie den Ruf als Neider, Mickerling oder Wadenbeißer weg.

Ohne Ehrlichkeit in unseren Gesprächen gibt es auf Dauer keinen Erfolg. Entscheidend ist und bleibt das Vertrauen unserer Gesprächspartner. Durch unfaires Vorgehen kann Vertrauen schnell verspielt werden – und ist es einmal verloren, ist es zumeist sehr schwierig, oftmals sogar unmöglich, es wieder zurückzugewinnen. Otto von Bismarck gab zu bedenken:

> Das Vertrauen ist eine zarte Pflanze. Ist es einmal zerstört, so kommt es so bald nicht wieder.

Wurde uns Vertrauen entzogen, können wir sogar mit Engelszungen reden – und dennoch werden wir unsere Gesprächsziele nicht oder nur unter hohem Energieeinsatz erreichen.

Auch ein guter Zweck kann keine fiesen Mittel heiligen!

Lassen Sie sich durch verbale Angriffe nicht aus dem inneren Gleichgewicht bringen. Ihr Kontrahent erkennt sofort, wenn Sie „angeschlagen" sind, denn Sie

- werden rot oder blass,
- zeigen fahrige Bewegungen,
- blicken unruhig hin und her,
- verfallen in eine Schockpause,
- kommen schnell aus dem Konzept,
- erleiden Denkblockaden bis hin zum Blackout,
- brechen in Schweiß aus,
- beginnen zu stottern,
- zittern erkennbar oder
- brechen das Gespräch ab.

Diese Reaktionen sind weitgehend Ihrem vegetativen Nervensystem geschuldet und lassen sich nur schwer durch den eigenen Willen steuern. Erkennt Ihr Kontrahent Ihre psychosomatischen Verhaltensäußerungen, vermitteln Sie ihm ein Erfolgserlebnis und animieren ihn möglicherweise zur Fortsetzung seiner Provokationen.

Da Sie sich – auch mithilfe dieses Buches – mental auf viele schwierige Situationen vorbereitet haben, können Sie sich eher beherrschen, bleiben sachlich und betrachten die Situation aus einem überlegenen Blickwinkel.

Lassen Sie sich nicht vom größten Motivationskiller „Ärger" beherrschen. Sie haben zwar ein Recht darauf, sich zu ärgern. Niemand verpflichtet Sie aber dazu, sich auch wirklich zu ärgern!

Erwiesenermaßen befinden sich Menschen in erregtem Zustand in einer schlechten Position. Wer in Rage ist, sagt Dinge, die er mit kühlem Kopf nie sagen würde. Auch vermag ein wütender Mensch keinen Richtungswechsel vorzunehmen, selbst wenn ihm bewusst wird, dass er gerade einen ärgerlichen Fehler begangen hat. Der emotional reagierende Mensch agiert mit nahezu abgeschaltetem Verstand und entrüstet sich damit. Der eingeschaltete Verstand ist unsere Rüstung, mit der wir uns in das Schlachtgetümmel stürzen und gegnerischen Angriffen angemessen begegnen können.

Auch muss vor einem Tunnelblick gewarnt werden, der häufig destruktiv wirkt. Er schränkt Ihre Wahrnehmung massiv ein. Einerseits akzeptieren Sie nur noch das, was Ihren Standpunkt bestätigt, andererseits werden abweichende Auffassungen des Kontrahenten sogleich als fehlerhaft eingeordnet und animieren Sie, sich durchzusetzen. Kommt es nun zu Wortgefechten bis hin zu einem hitzigen Schlagabtausch, rückt ein fairer Umgang miteinander in weite Ferne.

Wir besitzen drei Hauptwaffen, um bei unlauterer Gesprächsführung anderer Personen die Oberhand zu behalten:

Ständige Wachsamkeit
Was sagt der andere, was meint er damit?

Selbstbeherrschung
Sachlich bleiben, innere Ruhe bewahren, Situation aus überlegenem Blickwinkel betrachten

Richtiges Denken
Sind gegnerische Argumente sachlich haltbar?

Diese Waffen schärfen Sie bei Ihrer Beschäftigung mit unseren Hintergrundinformationen und Musterreaktionen zu den folgenden unredlichen Aktionen Ihres Kontrahenten. Bedenken Sie dabei bitte, dass es sich bei den Musterreaktionen um Vorschläge handelt, nicht um Patentrezepte.

Verbalattacke Nr. 1

Wer wie Sie im Fall ... so schwerwiegende Fehler gemacht hat, sollte lieber schweigen!

Was steckt dahinter?

Man hat es darauf abgesehen, Sie zu verunsichern. Auch soll Ihre Glaubwürdigkeit mit tatsächlichen oder Ihnen untergeschobenen früheren Fehlern oder Versäumnissen (an die sich möglicherweise niemand mehr erinnern kann!) untergraben werden. Es wird der Eindruck suggeriert, dass Ihre Fehlerquote ein nicht hinnehmbares Risiko bedeutet.

So reagieren Sie

Forscher der Justus-Liebig-Universität in Gießen unter Leitung des Organisationspsychologen Michael Frese fanden heraus, dass jeder Mensch pro Stunde zwei bis fünf Fehler macht. Wenngleich die meisten Fehler ohne Wirkung bleiben, haben einige doch erhebliche Konsequenzen. Werden von Ihnen zu vertretende Fehler von Ihrer Umgebung angeprangert, wäre ein Abstreiten kontraproduktiv.

Weisen Sie gemachte Fehler von sich oder erheben Sie Gegenvorwürfe, wird die Auseinandersetzung mangels eindeutiger, vorlegbarer Beweise nur qualvoll in die Länge gezogen. Durch die eingenommene Verteidigungsposition verbessert sich Ihre Lage nicht, denn viele Menschen schließen daraus: „Wer sich verteidigt, klagt sich an!“ Also schieben Sie den Angriff beiseite und stellen das gegenwärtig erörterte Thema in den Vordergrund:

- „Mit Schuldzuweisungen ist niemandem gedient. Lassen Sie uns gemeinsam konstruktiv überlegen ...“
- „Erneut das alte destruktive Strickmuster. Weshalb wird wieder nach Schuldigen gesucht, statt nach Lösungen für die Zukunft zu fahnden?“
- „Warum blicken viele Menschen immer erst in die Vergangenheit und suchen nach dem Schuldigen, statt in die Zukunft zu blicken und dafür zu sorgen, künftig Fehler zu vermeiden?“

- „Ich habe den Eindruck, wir arbeiten mehr gegeneinander als miteinander."
- „Weshalb erheben Sie Vorwürfe, die mit der heutigen Sache doch nun wirklich nicht das Geringste zu tun haben? Zur Diskussion steht doch ..."
- „Was beweist Ihr Hinweis gegen die sachliche Richtigkeit meines Vorschlags? Gern höre ich Ihre Argumente ..."
- „Selbst wenn Ihr Vorwurf berechtigt wäre, was hat er mit dem aktuellen Problem zu tun? Bis jetzt stellten wir fest ..."
- „Nun gut, Ihr Einwand gehört der Vergangenheit an. Nachdem ich hieraus die Konsequenzen gezogen habe, schlage ich Ihnen jetzt vor ..."
- „Das Thema gehört glücklicherweise der Vergangenheit an. Sie können sich künftig darauf verlassen ..."
- „Mich stört, dass wir kostbare Zeit verlieren, um einen Schuldigen zu finden. Wichtiger ist doch, alles zu tun, um künftig ...!"
- „Ich akzeptiere es, dass Sie auf Fehler verweisen. Aber ich bin nicht mit der Art und Weise einverstanden, wie Sie es tun. Wollen Sie mir wirklich den Mund verbieten?"

Auch wäre zu überlegen, ob Sie einen tatsächlichen Fehler freundlich-offen zugeben. Ihre Geradlinigkeit imponiert und macht Sie sympathisch. Kaum jemand wird Ihnen böse sein und Ihnen einen früheren Fehler ankreiden:

- „In zukunftsorientierten Unternehmen gibt es den Konsens: Fehler dürfen gemacht, nicht aber wiederholt werden. Zählen wir auch zu zukunftsorientierten Unternehmen? Dann sollte Ihr Vorwurf unterbleiben, denn seither ist sichergestellt ..."
- „Ich gebe zu, dass ich gelegentlich Fehler mache, aus denen ich aber lerne und sie nicht wiederhole. Gehören Sie etwa zu den Menschen, die immer fehlerfrei arbeiten? Sicherlich nicht! Das steht aber jetzt nicht zur Diskussion. Bis jetzt stellten wir fest ..."
- „Ja, ich gebe zu, das war mein Fehler, den ich ohne Einschränkungen auf meine Kappe genommen habe. Aus diesem ärgerlichen Fehler – und das steht fest – habe ich meine Lehren gezogen. Schnellschüsse sind bei mir nicht mehr drin. Mein heutiger Vorschlag wurde gewissenhaft erarbeitet, und zwar ist besonders interessant ..."
- „Aus der damaligen Fehleinschätzung haben wir Konsequenzen gezogen, sodass wir jetzt über praktikable Lösungen sprechen sollten. Was halten Sie von ..."

- „Aus Schaden werden wir bekanntlich klug, müssen aber ein hohes Lehrgeld zahlen. Ich habe es entrichtet, und dieser Fehler wird mir nicht wieder passieren. Deshalb bin ich …"

In der Sozialpsychologie ist bekannt, dass Fehler vorrangig Personen zugeordnet werden („Wir haben diesen Mist dem Meyer zu verdanken"). Umwelteinflüsse, insbesondere fehlerhafte Betriebsstrukturen werden entweder überhaupt nicht oder eher nachrangig ins Auge gefasst. Indem man sich auf eine Person konzentriert, bleiben fehlerhafte betriebliche Strukturen und Prozesse, die erst individuelle Fehler ermöglichten, unbeachtet. Dafür wird der „Schuldige" an den Pranger gestellt, der um eine Erfahrung klüger wird, nicht aber das Unternehmen.

- „Das ist interessant. Sie schreiben mir diesen Fehler zu, obwohl die eindeutige Weisung bestand …?"
- „Ich bin nicht die richtige Ansprechperson. Wenden Sie sich besser an …"
- „Ich merke schon, für Sie ist es einfacher, mir den Fehler in die Schuhe zu schieben, statt dem Fehler auf den Grund zu gehen und organisatorische Unzulänglichkeiten zu beheben."
- „Ihren Vorwurf akzeptiere ich nicht, weil er nicht zutrifft. Werfen Sie einen Blick in die Arbeitsanweisung/Stellenbeschreibung/Niederschrift etc., dann werden Sie feststellen, dass meinerseits kein Fehler vorliegt."
- „Betrachten Sie den mir vorgeworfenen, aber sachlich unzutreffenden Fehler als Glücksfall. Durch ihn können wir fehlerhafte Strukturen und offizielle Vorgehensweisen ändern und bisherige Schwächen beseitigen."

Verbalattacke Nr. 2

Um das beurteilen zu können, sind Sie noch viel zu jung!

Als Newcomer in unserer Firma sind Sie zu unerfahren, um dieses wichtige Projekt zu leiten.

Wie lange sind Sie eigentlich schon bei uns?

Als frischgebackener Akademiker fehlt Ihnen doch jede Erfahrung. An Ihrer Stelle würde ich mich zurückhalten und erst einmal den Praxis-Schock verarbeiten.

Was steckt dahinter?

Da er Ihre Sachaussagen nicht widerlegen kann, geht der Kontrahent auf diese überhaupt nicht ein, sondern versucht unterschwellig, Sie als in der Sache nicht kompetent hinzustellen, etwa den Hinweisen:

- zu jung
- zu alt
- erst kurze Zeit in der Abteilung
- kein Fachmann
- ohne langjährige Erfahrung
- angelerntes Wissen ohne Praxisbezug

So reagieren Sie

Bleiben Sie besonnen und beginnen Sie keinesfalls eine Diskussion über diesen persönlichen Angriff, den Sie kurz kontern und dann zur Sache überleiten.

- „Beurteilen Sie Vorschläge nach dem persönlichen Alter oder der Kompetenz eines Diskussionsteilnehmers?“
- „Mein Alter ist doch kein Bewertungskriterium für meinen Vorschlag. Ginge es um Wein und Käse, würde ich dem Alter eine größere Bedeutung beimessen. Zurück zu meinem Vorschlag …“

- „Ich vermag nicht zu erkennen, was Ihr Vorwurf mit Fairness zu tun hat. Es geht jetzt doch eindeutig um …"
- „Was hat das mit der Sache selbst zu tun? Mein Vorschlag lautet …"
- „Für mich zählt die Qualität der Sachargumente. Was wollen Sie aus Sacherwägungen gegen den Vorschlag einwenden?"
- „Was beweist das gegen die Richtigkeit meiner Argumente von der Sache her? Mein Vorschlag lautet …"
- „Nur gut, dass sich nicht jeder von diesem Einwand beeindrucken lässt, denn sonst müsste die Weltgeschichte neu geschrieben werden. Zurück zu unserem Problem …"
- „Werden wir unserem Thema gerecht, wenn wir an der Fachkompetenz eines Gesprächspartners zweifeln, statt uns mit den berechtigterweise aufgeworfenen Fragen zu beschäftigen?"
- „Hoppla, Sie urteilen schnell, aber falsch. Sie werden noch genügend Gelegenheit haben, mein vielseitiges fachliches Potenzial positiv beurteilen zu können. Und überdenken Sie einmal, dass Erfahrung nicht alles ist. Sie weist vielmehr auf die Summe früher gemachter Fehler hin."
- „Sie sollten intensiver auf meine Sachaussagen achten, als sich mit meiner Person zu beschäftigen. Wenn ich mich nicht irre, wollen wir heute sachlich diskutieren. Also zurück zu meinem Vorschlag …"
- „Sie verweisen auf einen Mangel an Erfahrung. Nun, es ist besser, unerfahren zu sein als lernunwillig. Und lernen will ich, deshalb …"
- „Sie zweifeln an meiner Kompetenz. Sicherlich haben Sie schon einmal gehört, dass neue Besen gut kehren. Was kann ich Ihnen zum besseren Verständnis genau erläutern?"

Das häufig in den Vordergrund gerückte Lebensalter eignet sich kaum als Argument. So schrieb Mozart mit acht Jahren seine erste Sinfonie, während Konrad Adenauer noch mit 90 Jahren sehr erfolgreich als Bundeskanzler agierte. Das Kriterium Lebensalter können wir mit dem Sprichwort „Alter schützt vor Torheit nicht" relativieren.

Um den auf ihre Erfahrung pochenden älteren Menschen Paroli bieten zu können, bieten sich drei Zitate an:

Erfahrung ist der Name,
mit dem viele ihre Dummheit bezeichnen.
OSCAR WILDE

Erfahrung heißt gar nichts.
Man kann eine Sache auch 35 Jahre falsch machen.
KURT TUCHOLSKY

Die Erfahrung ist wie eine Laterne im Rücken:
Sie beleuchtet stets nur das Stück Weg, das wir bereits hinter uns haben.
KONFUZIUS

Hier können Sie auch gut die Judo-Methode (auch als Gerade-deshalb-Methode bezeichnet) einsetzen. Bei der Kampftechnik Judo kommt es darauf an, den Schwung des Gegners für die Abwehr zu nutzen. Der Angreifer reißt sich selbst zu Boden, wobei der Angegriffene nur ein klein wenig nachhilft. Übertragen auf ein Gespräch heißt das: Wir ziehen aus den Gedanken des Angreifers für ihn überraschende Schlussfolgerungen, sodass er in den meisten Fällen zum schnellen Rückzug bereit sein wird.

- „Gerade weil ich jung bin und nicht über eine lange Betriebspraxis verfüge, können Sie von mir unkonventionelle Vorschläge erwarten, mit denen neue Wege beschritten werden können. Deshalb schlage ich vor …"
- „Gerade weil ich erst neu in der Abteilung bin, leide ich noch nicht an Betriebsblindheit. Ein frischer Wind kann nicht schaden, um eingefahrene Strukturen aufzubrechen. Ich habe bewusst keinen 08/15-Vorschlag unterbreitet. Jetzt möchte ich gern Ihre sachlichen und konstruktiven Kommentare dazu hören."
- „Gerade weil ich noch nicht Ihre lange Berufserfahrung besitze, bin ich unbefangen und sehe die Dinge, wie sie sind. Ich gehe ohne Vorurteile und Scheuklappen an Probleme heran und stelle dabei die richtigen Fragen."
- „Gerade weil meine Erfahrung noch nicht mit der Ihren vergleichbar ist, möchte ich sie bei diesem Projekt erweitern. Gehen Sie davon aus, dass ich zusätzlich hoch motiviert bin. Lassen Sie sich in positivem Sinne von mir überraschen."
- „Gerade weil ich frisch von der Meisterschule komme, können Sie von meinem hochaktuellen, abrufbereiten Kenntnisstand profitieren. Mein Vorschlag lautete …"
- „Gerade weil ich mich in einem fortgeschrittenen Alter befinde, besitze ich viel Erfahrung und lasse mir kein X für ein U vormachen. Wollen wir schwierige Probleme nur jungen Mitarbeitern überlassen, wäre es mögli-

cherweise um unsere Arbeitsplätze schlecht bestellt. Mein Vorschlag … steht nach wie vor zur Diskussion. Ich höre …“

- „Gerade weil ich vorurteilsfrei und ohne Scheuklappen an neue Aufgaben herangehe, mute ich Ihnen zu, ausgetretene Pfade zu verlassen und sich mit zunächst Ungewöhnlichem zu beschäftigen. Sie wollen sich doch nicht mit Ihrer Skepsis dieser Einladung entziehen?“
- „Gerade weil ich neu bin und mich noch nicht in eingefahrenen Gleisen bewege/nicht mit einem Brett vorm Kopf auf alle anderen einschlage, gelingt es mir eher, Neuland zu betreten. Mein Beitrag … ist es allemal wert, sachlich diskutiert zu werden …“

Übrigens: Als in einer Parlamentsdebatte der Schotte William Pitt von Sir Walpole der Vorwurf gemacht wurde, zu jung zu sein, um über die diskutierten Fragen urteilen zu können, entgegnete er:

„Sir, das abscheuliche Verbrechen, jung zu sein, dessen mich der höchstgeehrte Gentleman mit so viel Geist und so viel Lebensart beschuldigt, will ich weder zu entschuldigen suchen, noch leugnen, sondern mich bloß mit dem Wunsche begnügen, dass ich einer von denen sein möge, deren Torheiten mit der Jugend aufhören und keiner von denen, die trotz aller Erfahrungen nicht klüger werden.“

Verbalattacke Nr. 3

Aber Herr ..., nachdem wir uns nun schon so lange gut kennen, können wir doch auf eine schriftliche Fixierung verzichten.

Auf eine umständliche schriftliche Abmachung sollten wir keinen gesteigerten Wert legen. Mein Wort wird Ihnen nach unserer langen Zusammenarbeit doch genügen.

Was steckt dahinter?

Entweder handelt es sich bei diesem Ansinnen Ihres Gesprächspartners um reine Faulheit und Nachlässigkeit oder aber er führt Böses im Schilde, indem er eine Verlagerung des Gesprächs von der sachlichen auf die moralische Ebene anstrebt. Setzt er sich mit seinem Anliegen durch, will er später möglicherweise aus einer mündlichen Vereinbarung wieder herauskommen: „Da müssen wir uns aber falsch verstanden haben“ oder „Obwohl ich ein sehr gutes Gedächtnis besitze, kann ich mich beim besten Willen nicht an diesen Punkt erinnern.“

So reagieren Sie

- „Ich freue mich, dass Sie auf unsere uneingeschränkte Vertrauensbasis verweisen. Dennoch können wir guten Gewissens das Vereinbarte schriftlich festhalten, vor allem als Dokument gegenüber Dritten. Sollte ich beispielsweise ausfallen, könnten Sie unsere Vereinbarung überhaupt nicht geltend machen.“
- „Jawohl, Ihr Wort genügt mir. Nur eine Bitte möchte ich noch hinzufügen: Geben Sie es mir schriftlich.“

Ist nach Ihrer Entgegnung Ihr Gesprächspartner dennoch nicht mit einer schriftlichen Fixierung einverstanden, fragen Sie nach dem sachlichen Grund. Ist dieser einleuchtend, können Sie sich immer noch auf eine lediglich mündliche Vereinbarung einlassen. Kann Ihr Gegenüber seine Ablehnung jedoch nicht überzeugend sachlich begründen, betrachten Sie Gesprächsergebnisse grundsätzlich als wertlos.

Verbalattacke Nr. 4

Dann muss ich Sie aber daran erinnern, was Sie voriges Jahr im Fall ... von sich gaben!

Was steckt dahinter?

Dieses Vorgehen ist sehr beliebt, wenn ein Kontrahent gegen Ihre Auffassung nichts Überzeugendes vorbringen kann. Tatsächlich enthält diese Erwiderung keine Fakten gegen die Richtigkeit Ihrer neuen Auffassung, lenkt aber die Aufmerksamkeit in eine andere Richtung: Sie sollen verunsichert und besser noch mundtot gemacht werden. Dritten wird der Eindruck vermittelt, dass Sie ein unsicherer Kantonist sind, der keine klare Linie verfolgt, wankelmütig ist und seine Ansichten häufiger wechselt als seine Hemden.

So reagieren Sie

Sie wollen doch nicht über Dinge stolpern, die längst hinter Ihnen liegen. Beginnen Sie also keine Auseinandersetzung darüber, was Sie wann gesagt haben sollen, ob Sie es gesagt haben und wie es gemeint war. Häufig ist der „Schnee von gestern" nicht mehr zu beweisen.

- „Sicherlich ist es heute sehr mühsam zu überprüfen, was ich vor geraumer Zeit gesagt haben soll und was ich damals bei einem anderen Sachzusammenhang meinte. Jetzt geht es um einen aktuellen Sachverhalt, zu dem ich meine Meinung wiederhole ..."
- „Ich merke schon, Sie nennen frühere Ereignisse, ohne die damaligen Umstände darzustellen. Das ist nicht korrekt und bringt uns auch nicht weiter. Mein aktueller Vorschlag, zu dem ich Ihre sachliche Reaktion erwarte, lautet ..."
- „Hand aufs Herz: Haben Sie heute noch die gleichen Ansichten wie früher? Sie wissen doch: Wer nicht mit der Zeit geht, der geht mit der Zeit. Wenden wir uns besser unserem Thema zu und untersuchen die Frage ..."
- „Gerade in der heutigen Zeit wäre es sträflich, neue Erkenntnisse oder veränderte Rahmenbedingungen zu ignorieren. Hieraus wollen Sie mir doch keinen Strick drehen – oder?"

- „Das stimmt. Ich sehe es aber als Vorteil, meine Meinung zu ändern, wenn sich die Rahmenbedingungen verändern oder neue Erkenntnisse eine Neubewertung erforderlich machen."
- „Damals war ich tatsächlich dieser Auffassung. Aber mir wurde zwischenzeitlich bewusst, dass uns eine neue Betrachtungsweise besonders aus drei Gründen hilft ..."
- „Ich gratuliere Ihnen zu Ihrem guten Gedächtnis. Meine Ansichten haben sich zwar geändert, nicht aber die Tatsache, dass ich recht habe. Insbesondere ..."
- „Mit Schuldzuweisungen kommen wir nicht weiter. Lassen Sie uns darüber sprechen, wie wir das Problem jetzt lösen können ..."
- „Weil ich mit offenen Augen und Ohren die Welt betrachte, entwickle ich mich ständig weiter. Das kennen Sie doch auch, oder?"
- „Jeder Mensch macht Fehler. Sie doch sicherlich auch, nicht wahr? Darüber sollten wir jetzt nicht diskutieren, sondern besser überlegen ..."
- „Seien wir doch froh, dass sich Zeiten und Meinungen ändern, denn sonst würde Friedhofsruhe herrschen."
- „Flexibilität ist in unserer Zeit sehr wichtig. Sie wissen doch: Wer nicht mit der Zeit geht, der geht mit der Zeit. Und ich habe mir vorgenommen zu bleiben."
- „Ich erinnere an Bertolt Brecht, der erklärte: ‚Wer A sagt, muss nicht unbedingt B sagen. Er kann auch feststellen, dass A verkehrt war.'"
- „Ein Ausspruch von Friedrich Hebbel sollte uns zu denken geben: ‚Es gehört mehr Mut dazu, seine Meinung zu ändern, als ihr treu zu bleiben.'"

Kommt Ihr Kontrahent dennoch immer wieder auf seinen Vorwurf zurück, wären drastische Reaktionen zu überlegen:

- „Der arbeitende Pflug blinkt, stehendes Wasser stinkt."
- „Ich werde täglich gescheiter, vor einem halben Jahr war ich auch Ihrer Auffassung."
- „Bleiben Sie ruhig bei Ihrer Meinung. Für Sie ist sie gut genug."

Übrigens: Die Schwaben sagen: „Was gaht mi mei saudomms Gschwätz von geschtern a!" und Konrad Adenauer meinte: „Man kann mich doch nicht daran hindern, von Jahr zu Jahr klüger zu werden."

Verbalattacke Nr. 5

Da müssen Sie wohl in der Schule gefehlt haben.

Bei Ihren Wissenslücken wäre der Besuch bei einem Nachhilfeinstitut sinnvoll.

Was steckt dahinter?

Der Kontrahent weist auf Ihr seiner Meinung nach lückenhaftes Wissen hin und lässt gleichzeitig erkennen, dass er Sie nicht als ebenbürtigen Gesprächspartner betrachtet. Indem er seine Bildung herausstellt, möchte er sich in der Aufmerksamkeit, Anerkennung und Bewunderung seiner Mitmenschen sonnen, während er Sie gleichzeitig in einem schlechten Licht erscheinen lässt. Hierbei übersieht er, dass er mit seinen abträglichen und beleidigenden Äußerungen andere Menschen verletzt und mit seiner Profilneurose genau das Gegenteil von der erhofften Wertschätzung erreicht.

So reagieren Sie

Erkennt der Besserwisser und Neunmalkluge einen Ihrer wunden Punkte und schlachtet dies aus, werden Sie sein überhebliches Auftreten nicht auf sich beruhen lassen, sondern zur Gegenwehr schreiten. Vielleicht bringen ihn ironische oder sarkastische Entgegnungen zur Raison:

- „Hätte ich während meiner Schulzeit geahnt, eines Tages Ihnen mit Ihrem unschlagbaren Wissen zu begegnen, wäre ich ohne Gewissensbisse häufiger dem Unterricht ferngeblieben. Ihnen hätte ich sowieso nie das Wasser reichen können. Ich erkenne neidlos an, dass Sie in jeder Beziehung ein einzigartiges Genie sind."
- „Sie mögen ja in vielen Dingen bestens Bescheid wissen. Aber beim zivilisierten Umgang mit Ihren Mitmenschen sind gravierende Defizite zu erkennen. In der Schule des Lebens scheinen Sie häufig gefehlt zu haben."
- „Ich kann mich glücklich schätzen, einen Musterschüler vor mir zu sehen. Sie lassen mich doch sicherlich an Ihrem umfangreichen Wissen teilhaben, oder?"

- „Ich halte mich gern in Ihrer Nähe auf, weil ich von Ihnen so fürchterlich viel lernen kann."
- „Sollte einmal kein Zugriff auf Wikipedia möglich sein, sollten wir Sie ansprechen. Denn vermutlich ist es eine Ihrer leichteren Übungen, zu Wikipedia in Konkurrenz zu treten und hierbei besser abzuschneiden."
- „Wohl dem Betrieb, der sich glücklich schätzen kann, einen Übermenschen wie Sie zu seinen Mitarbeitern zu zählen. Neben Ihnen können dann alle anderen etwas unterbemittelt sein. Das meinten Sie doch in Ihrer Bescheidenheit?"
- „Haben Sie schon daran gedacht, als Kandidat bei *Wer wird Millionär?* aufzutreten? Sie könnten nicht nur viel Geld abräumen, sondern würden mit Ihrem Wissen vor einem riesigen Publikum glänzen. Dann brauchten Sie Ihren Wissensvorsprung nicht mehr bei mir armem Unwissenden zu verschwenden. Wäre doch toll, oder?"
- „Ach, Sie wissen doch: Wissen ist Macht und Nichtwissen macht auch nichts. Ich komme jedenfalls bestens mit meinem Nichtwissen über die Runden."

Vielwisserei lehrt nicht Vernunft zu haben.
HERAKLIT

Verbalattacke Nr. 6

Ihnen als Experten in diesem Bereich brauchen wir die Sachlage sicherlich nicht näher zu erläutern, nicht wahr?

Was steckt dahinter?

Jeder Mensch ist für Streicheleinheiten empfänglich. Sie sind für uns wie lebenswichtige Vitamine, von denen wir kaum genug bekommen können. In diesem Fall soll uns die Streicheleinheit „Experte“ zur Nachgiebigkeit veranlassen. Bleibt unsere Entgegnung aus, besteht die Gefahr, nicht richtig im Bilde zu sein und nicht mitreden und -diskutieren zu können. Dann sind wir allerdings „abgemeldet“ und unsere Kontrahenten haben leichtes Spiel.

So reagieren Sie

Auch wenn Ihnen die Streicheleinheit „Experte“ dem Bauch wohlig wärmt, besinnen Sie sich schnell wieder auf sachliche Erwägungen:

- „Auch als ‚Experte‘, wie Sie mich freundlicherweise bezeichnen, bin ich Ihnen für eine kurze Erläuterung der Sachlage sehr dankbar. Dann können wir von einem gleichen Informationsstand ausgehen. Auch gelingt es uns besser, mögliche zeitraubende Missverständnisse von Beginn an auszuräumen.“
- „Um von vornherein mögliche Differenzen in der Beurteilung der Sachlage auszuschließen, halte ich einen kurzen Abgleich für sinnvoll. Sehe ich es richtig, dass wir uns vorrangig mit … beschäftigen wollen?“
- „Ein kurzer Informationsabgleich ist mir schon wichtig. Sicherlich wurden bereits wertvolle Hinweise genannt, die ich sehr gern erfahren möchte.“

Verbalattacke Nr. 7

Hätten Sie die Liebenswürdigkeit, uns Ihre sicher überaus wertvollen Ansichten hierzu mitzuteilen?

Was steckt dahinter?

Mit der übertriebenen, in Ironie abgleitenden Höflichkeit wird Ihnen gegenüber Geringschätzung ausgedrückt. Sie sollen sich auf den Arm genommen fühlen und vielleicht sogar in Rage geraten.

So reagieren Sie

Halten Sie sich betont zurück und geben Sie keine unbedachten oder aufbrausenden Äußerungen von sich.

- „Meine persönlichen Ansichten sollten wir nicht diskutieren. Vielmehr stehen die bekannten Tatsachen im Vordergrund, denen wir uns zuwenden müssen. Hiernach bietet es sich an … "
- „Selbstverständlich. Statt wertloser Gemeinplätze habe ich Ihnen wertvolle Ansichten anzubieten. Insbesondere über … sollten wir sachlich und ohne ironischen Unterton sprechen. Wie stehen Sie zu …"

Verbalattacke Nr. 8

Sie glauben wohl, Sie haben das voll im Griff.

Sie wollen den Eindruck vermitteln, bestens informiert zu sein.

Was steckt dahinter?

Man will Sie verunsichern, damit Sie anfangen, an sich zu zweifeln. Wird diese Bemerkung von oben herab und mit spöttischem Unterton gebracht, nimmt man Sie nicht ernst. Zeigen Sie in Ihrer Reaktion eine Schwäche, wird diese sogleich zu Ihrem Nachteil ausgenutzt.

So reagieren Sie

Sie reagieren selbstbewusst und ohne Zögern:

- „Ja, so ist es."
- „Sie haben das richtig erkannt, Gratulation!"
- „Ich brauche das nicht zu glauben, denn glauben heißt nicht wissen. Ich weiß aber, dass es keinerlei Einschränkungen gibt. Das sollte Ihnen reichen!"
- „Was genau wollen Sie mir damit sagen? Haben Sie etwa Zweifel an meiner Führungsqualifikation? Gibt es da konkrete Kritikpunkte?"
- „Fein, dass Sie erkennen, wie vorzüglich und problemlos alles läuft. Besten Dank für diese positive Rückmeldung."
- „Ich will mich nicht damit brüsten, alles voll im Griff zu haben. Deshalb kümmere ich mich auch nicht um die allerletzten unwesentlichen Aspekte. Gehen Sie aber davon aus, dass ich unsere Erfolgsverursacher ständig im Blick habe, jede Abweichung registriere und unverzüglich eingreife."
- „Mir kommt es nicht darauf an, Eindruck auf irgendjemanden zu machen. Ich darf Ihnen aber versichern, dass unsere Informationssysteme bestens funktionieren, sodass ich immer genau weiß …"
- „Wie Sie wissen, sind Informationen heutzutage Gold wert und der Rohstoff der Zukunft. Um vorzügliche Arbeitsergebnisse zu erzielen, habe ich veranlasst, dass ich umgehend mit den neuesten Informationen versorgt werde. Ist das okay für Sie?"
- „Höre ich etwa Skepsis? Gibt es etwas, was ich wissen sollte?"

Verbalattacke Nr. 9

Sie können im Einvernehmen mit uns in absehbarer Zeit mit den erforderlichen Arbeiten beginnen.

Was steckt dahinter?

In dieser Aussage wimmelt es von vieldeutigen und verschwommenen Begriffen. Der Einsatz schwammiger Formulierungen in dieser Häufigkeit soll Sie in die Irre führen. Bei näherer Betrachtung lässt sich kein greifbares Ergebnis feststellen. Die Sachlage wird absichtlich weiterhin unklar gehalten. Dieses Verhandlungsergebnis lässt sich kurz und bündig zusammenfassen: Außer Spesen nichts gewesen!

So reagieren Sie

Da Sie sich nach längerem Gespräch mit diesen völlig unverbindlichen Formulierungen nicht zufrieden geben, haken Sie nach:

- „Ich wäre Ihnen dankbar, wenn wir zu einem konkreten Ergebnis kommen würden, das auch unsere Bemühungen um ein beiderseits akzeptables Ergebnis dokumentieren. Hierzu will ich Ihnen einen Vorschlag machen. Wir sollten …"
- „Ich habe den Eindruck, dass Sie nicht zu einem Geschäftsabschluss autorisiert sind. Schade um die verlorene Zeit ohne Ergebnisse. Mit wem in Ihrem Hause kann ich Nägel mit Köpfen machen?"
- „Vermutlich benötigen Sie noch Zeit, sich unsere eindeutigen Besprechungsergebnisse durch den Kopf gehen zu lassen. Lassen Sie uns für Ihre Entscheidung einen zeitnahen Termin festlegen. Ich schlage vor … Danach werde ich mich in keiner Weise mehr an die heutigen Vereinbarungen gebunden fühlen."
- „Ihre Antwort ist leider unverbindlich und wenig konkret. In welchem Punkt gibt es bei Ihnen noch Zweifel, die ich ausräumen kann, um Sie zu einer konkreten Zusage zu ermutigen?"

Ihr Ziel müssen klare Vereinbarungen sein: Wer macht was in welchem Umfang mit welchen Kosten bis wann! Diese sollten schriftlich fixiert werden.

Verbalattacke Nr. 10

Theoretisch hört sich das wirklich gut an, aber in der Praxis sieht das leider ganz anders aus.

Was steckt dahinter?

Hier handelt es sich um einen häufig praktizierten Trick, auf den Sie nicht hereinfallen sollten. Ihr Kontrahent erspart sich durchdachte Gegenargumente und erklärt mit seiner Entgegnung unter Hinweis auf die angebliche Praxisferne indirekt: „Ich will nicht." Möglicherweise erhärtet er durch die Schilderung eines weit hergeholten Beispiels („Es wäre doch denkbar, dass …", „Sicherlich können wir nicht ganz ausschließen …") seine Ablehnung. Mit einem angeblich der Praxis entnommenen Beispiel unterstreicht er, dass irgendein berechtigtes Interesse zu kurz kommt. Und schon ersetzt diese Floskel jede ordentliche Begründung.

Diese Art unzureichender Argumentation haben wir in unserem Leben schon unendlich oft vernommen, sodass wir uns einlullen lassen, nicht gegenhalten und schließlich das Nachsehen haben.

Mit dem Hinweis auf Theorie und Praxis macht sich Ihr Kontrahent die Meinung vieler Menschen zunutze, die theoretischen Aussagen mit Abneigung, ja Verachtung begegnen. Sie halten es wie Mephisto in Goethes Faust:

> Grau, teurer Freund, ist alle Theorie und grün
> des Lebens goldner Baum.

Theorien werden oft als lebensfern und abstrakt angesehen, während die Praxis als lebensnah, konkret und realistisch bewertet wird.

Interessanterweise erweist sich bei näherer Betrachtung die Aussage „Theoretisch okay, in der Praxis jedoch untauglich" als falsch.

Hierzu philosophierte Schopenhauer:

> Was in der Theorie richtig ist, muss auch in der Praxis zutreffen.
> Trifft es nicht zu,so liegt ein Fehler in der Theorie,
> irgendetwas ist übersehen und nicht in Anschlag gebracht worden.
> Folglich ist's auch in der Theorie falsch.

Theorie ist demnach nichts anderes als verarbeitete, systematisierte und aktueller Zufälligkeit entkleidete Praxis.

So reagieren Sie

- „Nun, wir wissen alle, dass für die Praxis nichts besser ist als eine gute Theorie. Auch Sie als Praktiker arbeiten nicht kopflos drauflos, sondern machen sich einen Plan, nach welchem Sie vorgehen. Und das ist für Ihre Arbeit Ihre spezielle Theorie. Wenn diese Theorie in Ordnung ist, läuft die Arbeit zu Ihrer Zufriedenheit. Ist Ihre Theorie – also Ihr Plan – fehlerhaft, stellen sich Probleme ein. Was spricht also von der Sache her gegen meinen Vorschlag, der durchaus praxisorientiert ist?“
- „Lassen Sie uns nicht darüber streiten, was theoretisch gut und praktisch weniger machbar ist. Das ist müßig und kostet nur wertvolle Zeit. Uns beiden geht es doch nur um die Sache. Und die sieht doch so aus …“
- „Für die Praxis ist nichts besser als eine gute Theorie. Sie stimmten meinen theoretischen, jedoch praktisch gemeinten Überlegungen zu, also sollten wir jetzt hierauf aufbauen …“
- „Dann helfen Sie mir bitte bei der Umsetzung der theoretischen Erörterungen in die Praxis.“
- „Warum glauben Sie, dass das Projekt in der Praxis scheitern wird?“
- „Schauen wir doch, welche Punkte in der Praxis verbessert werden müssen.“

Übrigens: Es gibt neben dem Theorie-Praxis-Einwand unzählige Varianten, um das „Ich will nicht“ zu umschreiben, zum Beispiel:

- „Lassen Sie mich hierzu meine Erfahrungen beisteuern …“
- „Ich sehe da noch folgende Schwierigkeiten …“
- „Meine Überlegungen hierzu gehen in die Richtung …“
- „Hier muss ich doch die und die Bedenken äußern …“
- „Ich sehe das so …“

Verbalattacke Nr. 11

Ich verzichte darauf, auf Ihre früher gemachten gravierenden Fehler hinzuweisen. Das lohnt sich nicht ... Sondern ich empfehle ...

Fast hätte ich gesagt, das ist eine Lüge ...

Ich möchte nicht auf meine Betriebszugehörigkeit und meine Tätigkeit im Betriebsrat hinweisen, das wäre unfair. Aber ich möchte ...

Ich unterstelle Ihnen nicht, dass Sie bewusst die Unwahrheit sagen, sehen wir einmal von einigen Ungereimtheiten ab ...

Was steckt dahinter?

Ihr hinterhältiger Kontrahent deutet etwas an, was er sich nicht traut offen auszusprechen. Er erklärt „Ich will nicht sagen, dass ...“ und tut es dennoch – ein gravierendes Beispiel für unfaire Schlitzohrigkeit! Hierdurch hofft er, dass von Ihnen keine Gegenargumente oder sonstige Abwehrreaktionen gebracht werden – schließlich hat er es ja offiziell nicht behauptet. Stellen Sie die „unausgesprochenen“ Vorwürfe und Anklagen nicht umgehend richtig, kann schnell ein Gerücht entstehen. Und ein in Umlauf befindliches Gerücht wird kaum mehr überprüft und erweist sich zumeist als sehr zählebig.

So reagieren Sie

Bringen Sie die Schlitzohrigkeit ans Tageslicht:

- „Was bezwecken Sie? Geht es Ihnen nur darum, andere Menschen in ein schlechtes Licht zu rücken?“
- „Weshalb deuten Sie dann unfairerweise sogenannte ‚gravierende Fehler‘ an? Entweder benennen Sie klar Ross und Reiter und legen hierzu eindeutige Beweise vor, oder Sie bequemen sich zu einer sachlichen Mitarbeit. Bisher stellte ich klar, dass ...“

- „Weshalb nehmen Sie dann das Wort Lüge/Unwahrheit in den Mund? So kommen wir doch nicht weiter. Kehren wir deshalb zu sachlichen Aussagen zurück und hier …"
- „Wenn Sie schon von einigen Ihrer Meinung nach unzulänglichen Dingen sprechen, wird es Ihnen sicherlich nicht schwerfallen, wenigstens einige hundertprozentig zu belegen." (Kann er das nicht, entlarvt er sich selber als Schwätzer.)
- „Sie sagen selbst, es sei unfair, auf Ihre Betriebszugehörigkeit und Tätigkeit im Betriebsrat hinzuweisen. Weshalb tun Sie es dennoch? Gerade weil Sie über eine langjährige Betriebspraxis verfügen, hätte ich von Ihnen konstruktive Beiträge erwartet, so beispielsweise zu der Frage …"

Verbalattacke Nr. 12

Fassen Sie es bitte nicht als Kritik an Ihrer Person auf, aber ...

Ich möchte mich nicht in Dinge einmischen, die mich nichts angehen, allerdings glaube ich ...

Was steckt dahinter?

Dieser verschleiernden Äußerung folgt regelmäßig eine persönliche Kritik. Sie sollen mit diesem „Aufpralldämpfer“ veranlasst werden, Zurückhaltung zu üben und nicht sofort zu kontern.

So reagieren Sie

- „Egal, wie Sie es formulieren, Ihre Kritik an meiner Person ist nicht zu überhören. Weshalb sagen Sie nicht gerade heraus, was Sie denken?“
- „Für eine konstruktive Kritik bin ich immer offen, aber nicht für versteckte persönliche Angriffe. Das kann doch nicht Ihrem Niveau entsprechen. Sollten Sie nicht offen und ehrlich sagen, was Sie auf dem Herzen haben?“
- „Wissen Sie, ich mag Menschen, die sich offen und kritisch äußern. Bei Angriffen unter die Gürtellinie endet aber mein Verständnis. Deshalb empfehle ich eine Rückkehr zu einem sachlichen Vorgehen. Was wollten Sie mir ganz konkret sagen?“
- „Ihre Absicht, sich in meine Dinge nicht einmischen zu wollen, begrüße ich. Dann sollten Sie es aber auch tun.“
- „Weshalb stecken Sie dann aber häufig Ihre Nase in Dinge, die Sie nun wirklich nichts angehen?“
- „Okay, dann nehmen Sie es auch bitte nicht persönlich, dass ich Ihre Kritik als unangemessen und wenig sensibel erlebe.“

Verbalattacke Nr. 13

Interessant, sehr interessant, Frau X. Für eine Sekretärin wirklich schon eine Meisterleistung, dieser Brief. Und was für neue Ideen Sie bei der Interpunktion haben ... Demnächst könnten wir ja einmal einen Ihrer Briefe verschicken. Vielleicht am 1. April? Wäre das nicht was?

Was steckt dahinter?

Mit seiner ironischen/sarkastischen Kritik will der Kontrahent Sie gezielt verletzen und seelische Wunden schlagen. Neben der Ironie stellt der Sarkasmus eine sehr aggressive Verhaltensweise dar. Genau genommen bedeutet der Begriff Sarkasmus in seinem eigentlichen Sinn „Zerfleischung". Aus dieser genauen Übersetzung lässt sich erkennen, welche scharfe Waffe eingesetzt wird, um das Selbstwertgefühl des Kritisierten besonders empfindlich zu berühren.

So reagieren Sie

- „Sie enttäuschen mich. Das ist doch völlig unter Ihrem Niveau./Das ist doch Ihrer unwürdig. Wenn Ihnen etwas nicht gefällt, erwarte ich von Ihnen eine sachliche, konstruktive und aufbauende Kritik. Sie sind doch dazu in der Lage – oder etwa nicht?"
- „Das mag sich ja für Unbeteiligte ganz lustig anhören. Glauben Sie aber, dass nach solchen Aussagen eine vertrauensvolle Zusammenarbeit weiterhin möglich ist?"
- „Kompliment, da ist Ihnen ja wirklich einmal etwas Tolles eingefallen. Das müssen Sie unbedingt Ihren Stammtischbrüdern berichten, damit denen bewusst wird, was für ein toller Hecht Sie sind."

Antwortet Ihr Kontrahent: „Seien Sie doch nicht so empfindlich. Ich dachte, Sie würden einen Scherz vertragen können", reagieren Sie mit: „Hier hört für mich der Spaß auf. Das geht entschieden zu weit. Veralbern kann ich mich alleine. Ich erlaube Ihnen jetzt das letzte Wort: Entschuldigen Sie sich!"

Verbalattacke Nr. 14

Können Sie uns den Erfolg der von Ihnen vorgeschlagenen Maßnahme hundertprozentig garantieren?

Können Sie uns beweisen, dass wir tatsächlich Vorteile haben werden, wenn wir Ihrem Vorschlag folgen?

Was steckt dahinter?

Eine hundertprozentige Garantie wird für etwas verlangt, was erst künftig geschehen soll, also nicht bewiesen werden kann, sondern nur zu vermuten ist. Kein Mensch kann diese Garantie abgeben, es sei denn, er wäre ein Scharlatan, ein Tagträumer oder ein Hellseher. Geben Sie vorschnell diese Garantie ab, „beweist" Ihnen Ihr Kontrahent anhand mehr oder weniger praxisnah konstruierter Fälle, dass Ihr Vorschlag in fünf oder zehn von 100 Fällen nicht den prognostizierten Erfolg bringen wird. Da Ihre Garantie sogleich als nicht bestandskräftig entlarvt wurde, ist von diesem Augenblick an Ihr Vorschlag als Ganzes zu Fall gebracht.

Bei zukunftsgerichteten Vorschlägen ist der Informationsstand stets kleiner als 1. Entscheidungen können demzufolge immer nur unter unvollkommenen Informationen gefällt werden. Künftig eintretende Ereignisse sind im Vorgriff nicht beweisbar. Dennoch verlangt man von Ihnen Unmögliches. Hierdurch sollen Sie aus der Balance gebracht und verunsichert werden.

So reagieren Sie

Schätzen Sie blitzschnell ab, welche Erfolgsaussichten der gegenwärtige Zustand aufweist, die geringer sein müssen als bei Befolgung Ihres Vorschlags. Stellen Sie dar, dass Ihr Vorschlag bei dem erforderlichen Engagement aller Beteiligten voraussichtlich zu 95 Prozent zum Erfolg führen wird und dass dies besser ist als der gegenwärtige Zustand.

- „Berücksichtigen wir einige Unwägbarkeiten – schließlich kann von uns niemand in die Zukunft sehen –, dann werden wir mit meinem Vorschlag zu 95 Prozent erfolgreich sein. Bitte bringen Sie Vorschläge, mit denen wir der von Ihnen verlangten Hundertprozentigkeit näherkommen."

- „Charles de Gaulle stellte fest: ‚Es ist meist besser, unvollkommene Entscheidungen zu treffen, als ständig nach vollkommenen Entscheidungen zu suchen, die es niemals geben wird.' – Und damit hat er recht. 95 Prozent sollten zu erreichen sein, wenn alle Beteiligten engagiert an einem Strang ziehen. Das sollte uns doch genügen."
- „Die Erfahrung lehrt, dass es keine hundertprozentige Sicherheit gibt. Nach dem gegenwärtigen Sachstand nähern wir uns der 100-Prozent-Marke sehr nah an. Das Risiko ist so gering, dass wir es mit wirklich gutem Gewissen vernachlässigen können."
- „Ich bin mir völlig sicher. Welche Informationen fehlen Ihnen noch, um ebenfalls sicher zu sein?"
- „Können Sie mir beweisen, dass mein Vorschlag nicht die beabsichtigte Wirkung erzielen wird?"
- „Es sprechen viele Argumente für meinen Vorschlag. Insgesamt ist die Wahrscheinlichkeit sehr hoch, dass der Vorschlag für uns von großem Nutzen sein wird."
- „Einen Beweis kann ich erst nach vollzogener Handlung antreten. Halten wir diesen Vorschlag strikt ein und bemühen sich alle Beteiligten um eine erfolgreiche Ausführung, schätze ich die Erfolgsaussichten auf 95 Prozent."
- „Ich bin zwar kein Prophet, aber eines kann ich sagen: Mein Vorschlag wird zu einer wesentlichen Verbesserung beitragen, zumal er insbesondere auf …"

Verbalattacke Nr. 15

Ihnen scheint nicht bekannt zu sein, dass Professor X in seinem aufschlussreichen Buch ... genau das Gegenteil beweist?

Die Wirtschaftsweisen haben in dem der Bundesregierung übergebenen Gutachten darauf hingewiesen, dass ...

Ihnen ist sicherlich folgende höchstrichterliche Entscheidung bekannt ...

Was steckt dahinter?

Sicherlich haben in jeder komplexen Gesellschaft Autoritäten und Experten ihre sinnvolle Funktion. Genauso kann dieser Status allerdings auch zur Manipulation genutzt werden, nämlich dann, wenn unsere Gutgläubigkeit für Ziele herhalten muss, die wir nicht durchschauen. Lässt unser Kontrahent – so nebenbei und ganz zufällig – diese Autoritätsbeweise in das Gespräch einfließen, will er uns mit seinem Wissen imponieren.

Zumeist soll aber durch das Zitieren tatsächlicher oder vermeintlicher Autoritäten den eigenen Aussagen ein besonderes Gewicht verliehen werden, denn Ihr Gesprächspartner kann sich bei seiner Argumentation hinter einer fremden Meinung verstecken. Mit Zitaten soll Ihr kritisches Bewusstsein blockiert und Sie daran gehindert werden, Ihre eigenen grauen Zellen zu benutzen. Diese Vorgehensweise trägt tatsächlich bei vielen Menschen Früchte. Denn Otto Normalverbraucher erspart sich regelmäßig das eigene Nachdenken, wenn eine anerkannte oder Achtung einflößende Persönlichkeit oder Institution etwas von sich gegeben hat. Da viele Mitmenschen meinen, es sei hoffnungslos, sich mit der eigenen Meinung gegen die Aussage einer fachlichen Kapazität durchsetzen zu können, strecken sie sogleich die Waffen und akzeptieren selbstsicher vorgetragene Zitate.

Es sollte zu denken geben, dass die genannte Autorität im Moment des Gesprächs passenderweise nicht anwesend ist und daher nicht befragt werden kann. Deshalb kann sie für uns nur eingeschränkt glaubwürdig sein.

Übrigens: Um die eigene Position zu stärken, greifen manche Menschen zu Lug und Trug, indem sie erfindungsreich tatsächlichen oder vermeintlichen Autoritäten selbst erfundene Aussagen in den Mund legen: „Sie kennen sicherlich den Nobelpreisträger Tagore, der deutlich herausarbeitete, dass …“ Ist Ihnen diese Person oder ihre Aussagen unbekannt, geben Sie ohne weitere überzeugende Argumente der Gegenseite keinesfalls beschämt ob Ihrer Unkenntnis klein bei.

So reagieren Sie

Bei Ihnen hat sich Ihr Kontrahent gründlich geirrt, denn Ihr eigenes kritisches Urteilsvermögen ist intakt, und Sie sind nicht bereit, vor einer Autorität einzuknicken. Nach Ihrer Lebenserfahrung wissen Sie, dass auch der sich in der Achtung seiner Mitmenschen sonnende Experte nicht ohne Fehl und Tadel ist, sondern hin und wieder einem Irrtum unterliegt und Fehler begeht. Selbst größte Experten können sich irren oder sich sogar als Hemmschuh für den Fortschritt erweisen. Die Historie belegt, dass die renommiertesten Naturwissenschaftler ihrer Zeit die „unumstößliche“ Auffassung vertraten, die Erde sei eine Scheibe. Der Schauspieler Peter Ustinov machte sich über Experten lustig:

> … und die letzte Stimme, die man hört, bevor die Welt explodiert, wird die Stimme des Experten sein, der sagt: Das ist technisch unmöglich!

Ein weiteres Beispiel für die Fragwürdigkeit von Zitaten:

Landauf, landab wird im Brustton der Überzeugung der Lenin zugeschriebene Satz „Vertrauen ist gut – Kontrolle ist besser“ verwendet. Möglicherweise ist er uns selbst so häufig über die Lippen gekommen, dass viele von uns sich kaum mehr die Mühe machen, diesen Ausspruch auf seine Gültigkeit abzuklopfen. Deshalb sollen die folgenden Fragen Sie zum Nachdenken bewegen, ob der Satz heutzutage noch uneingeschränkt zutrifft:

Ist mit dem Ausspruch Lenins nicht eine Geisteshaltung verbunden, die einer zeitgemäßen Führung nicht gerecht wird? Muss die Kontrolle über das Vertrauen gestellt werden? Muss der arbeitende Mensch unserer Zeit zur Arbeit gezwungen und ständig kontrolliert werden? Ist nicht eher dem Ausspruch des Freiherrn vom Stein zuzustimmen:

> Vertrauen veredelt den Menschen.

Wäre es nicht vielmehr an der Zeit, das Lenin-Zitat wie folgt umzuwandeln:

So viel Vertrauen wie möglich – so wenig Kontrolle wie nötig!

Hegen Sie Zweifel an der Richtigkeit eines Zitats, lassen Sie sich die Quelle und zusätzliche Details nennen. Dann können Sie später („Lassen Sie mich noch einmal auf das interessante Zitat von vorhin zurückkommen.") die gleichen Details abfragen oder leicht verändert darstellen. Modifiziert der Kontrahent die Details oder akzeptiert er Ihre veränderte Darstellung, verliert das Zitat seine Durchschlagskraft. Sie verweisen sogleich auf die Ungereimtheiten und bezweifeln die Glaubwürdigkeit Ihres Kontrahenten.

Entspricht ein vom Kontrahenten gebrachtes Zitat nicht Ihrer Interessenlage, akzeptieren Sie es keinesfalls, sondern weisen es nachdrücklich zurück:

- „Mittlerweile gibt es in Deutschland rund 40.000 Professoren. Ich fühle mich überfordert, zu wissen, wer, was, wann, wozu gesagt oder geschrieben hat. Den von Ihnen zitierten Professor X kenne ich nicht und kann entsprechend seine Reputation/Glaubwürdigkeit/Kompetenz nicht einschätzen. Deshalb stehe ich seinen Aussagen durchaus skeptisch gegenüber."
- „Die von Ihnen genannten Ausführungen von Professor X stehen in Widerspruch zu den Erkenntnissen von Professor Y. Wenn wir uns jetzt mit den unterschiedlichen Auffassungen von Wissenschaftlern beschäftigen wollen, hilft uns das bei unserem jetzt konkret zu lösendem Problem in keiner Weise weiter. Ich empfehle deshalb dringend, die uns vorliegenden Informationen zu analysieren und zu bewerten. Schließlich müssen wir unter Berücksichtigung der bekannten Fakten zu einer Entscheidung kommen. Und die kann uns kein Experte abnehmen. Was sind nun Ihre Argumente?"
- „Professor X ist zwar ein Jurist mit höchster Reputation. Aber ich vermag nicht zu erkennen, dass er zu dem von uns erörterten Thema mehr weiß als jeder interessierte Laie."
- „Es mag zwar stimmen, dass Professor X diesen Grundsatz in seinem Buch herausarbeitete. Doch er konnte unmöglich die Gesichtspunkte im Auge haben, die uns für unsere Entscheidung zur Verfügung stehen. Ich glaube sogar, Professor X wäre in unserem speziellen Fall zu einem anderen Ergebnis als in seinem Buch gekommen. Aber das ist alles müßige Spekulation, die uns nicht weiterbringt. Mein Vorschlag lautet …"

- „Mich interessiert, mit welchen wissenschaftlichen Methoden und statistischen Verfahren Professor X zu diesem Ergebnis gekommen ist. Bitte klären Sie mich auf …"
- „Ich könnte Ihnen eine Reihe anderslautender Zitate aufzählen. Nur bringt uns das nicht weiter. Lassen Sie uns die vorliegenden Punkte untersuchen. Alles spricht dafür, dass …"
- „Die von Ihnen zitierten Ergebnisse von Professor X sind überholt. Hätten Sie die aktuelle Entwicklung verfolgt, wüssten Sie … Lassen Sie uns jetzt von den akademischen Sandkastenspielen wegkommen und unser konkretes Problem beleuchten …"
- „Toll, auf dieses Zitat warte ich schon die ganze Zeit. Es hört sich ganz gut an, taugt aber nicht für unser Anliegen, bei dem wir auf Fakten angewiesen sind. Jetzt gilt es zu überlegen, ob …"
- „Diese Untersuchungsergebnisse sind mir nicht bekannt. Können Sie mir die genaue Quelle oder eine Kopie der Ergebnisse mailen? Ohne diese Informationen werde ich nicht entscheiden, sondern um Vertagung dieses Punkts bitten."
- „Und über das Minderheitenvotum von Professor X, der ja schließlich auch Wirtschaftsweiser und eine anerkannte Kapazität ist, sagen Sie nichts. Welche Meinung vertritt er?"
- „Auch Experten irren – allerdings auf höherem Niveau."
- „Ich bin sehr skeptisch, wenn sogenannte Autoritäten zitiert werden. An vielen Beispielen können Historiker belegen, dass allseitig anerkannte Autoritäten sich oft als Hemmschuh für den Fortschritt erwiesen haben. Denn die meisten geistigen Großtaten begannen damit, bisher herrschende Autoritäten zu stürzen, um die Bahn für neue Erkenntnisse frei zu machen. Schauen wir jetzt bitte auf unsere Thematik, ohne eine Autorität zu bemühen …"
- „Was trägt das zur Lösung unseres Problems bei?"
- „Was sind bitte Ihre Argumente?"

Übrigens: Im Idealfall sollte jedes gebrachte Zitat vier Anforderungen erfüllen:

1. Das Zitat muss stimmen!
   Manche Zeitgenossen saugen sich Lebensweisheiten aus den Fingern und verkaufen sie anschließend als Bonmots bekannter Persönlichkeiten/Institutionen.

2. Das Zitat darf nicht aus dem Zusammenhang gerissen werden!
   Aus politischen Auseinandersetzungen kennen wir die beliebte und unfaire Methode, Andersdenkende durch einzelne, zusammenhanglos herausgegriffene Zitate aus früheren Verlautbarungen unglaubwürdig zu machen.
3. Das Zitat darf weder verfälscht noch durch Weglassen von Satzzeichen oder einschränkenden Nebensätzen manipuliert werden!
   Der „Eiserne Kanzler" Otto von Bismarck ging als Hardliner in die Geschichte ein wegen folgender einer Reichstagsrede entnommenen Passage: „Die Deutschen fürchten Gott, aber sonst nichts auf der Welt." – Tatsächlich aber sagte er: „Die Deutschen fürchten Gott, aber sonst nichts auf der Welt und die Gottesfurcht ist es schon, die uns den Frieden lieben und pflegen lässt."
4. Das Zitat muss von einer Persönlichkeit/Institution stammen, die für den jeweiligen Sachverhalt kompetent ist! Aussprüche von Picasso können für Kunstfragen herangezogen werden, nicht aber Statements des Physikers Albert Einstein. Für die Problematik moderner Operationstechniken beispielsweise lässt sich der erste Herzverpflanzer Bernard gut zitieren, nicht aber der Dirigent Bernstein.

Verbalattacke Nr. 16

Sind Sie da ganz sicher? Ich frage aus einem ganz bestimmten Grund. Sind Sie wirklich sicher?

Woher wissen Sie das denn so genau?

Was steckt dahinter?

In einem Tribunal mögen diese Fragen zum üblichen Repertoire zählen. In einer normalen Gesprächssituation dienen sie vorrangig der Einschüchterung. Antworten Sie jetzt ehrlich: „Na ja, so ganz sicher bin ich mir nicht", können Sie sofort den Rückwärtsgang einlegen. Es schallt Ihnen vermutlich die Antwort entgegen: „Nun, wenn das so unklar ist, verfolgen wir diesen Punkt besser nicht weiter. Wichtiger ist der Punkt …"

So reagieren Sie

- „Weshalb fragen Sie? Gibt es dafür einen konkreten Anlass?"
- „Seien Sie sicher: Wäre ich mir nicht sicher, hätte ich geschwiegen."
- „Ich habe die Sache mehrfach intensiv beleuchtet. Da ich hiernach völlig sicher bin, habe ich mein Urteil ohne jegliches Zögern getroffen."
- „Für die Informationsquelle verbürge ich mich und lege meine Hand ins Feuer."
- „Sicher ist nur der Tod."
- „Ich bin mir da sehr sicher. Wollen Sie mich verunsichern? Das wird Ihnen aber nicht gelingen!"
- „Wann habe ich Ihnen schon einmal Anlass gegeben, an meinen Aussagen zu zweifeln?"

Verbalattacke Nr. 17

Nun, es ist ja allgemein bekannt und jeder weiß es, dass ...

Es hat sich ja mittlerweile bis in die letzten Winkel unseres Landes herumgesprochen, dass ...

Wie Sie wissen – dies ging ja durch die Fachpresse, sodass ich es Ihnen nicht näher zu erläutern brauche –, hat ...

Was steckt dahinter?

Statt mit harten Fakten zu punkten, wird hier mit dem Mittel der Einschüchterung gearbeitet. Bestimmte Zusammenhänge werden als Selbstverständlichkeiten dargestellt, die nur ein völlig Ahnungsloser nicht überblicken kann. Wer jetzt noch Fragen hat oder Zweifel anmeldet, soll als uninformiert, hinterwäldlerisch und realitätsfern, im schlimmsten Fall als dumm dastehen. Und wer will sich schon gern als Dummkopf zu erkennen geben? Mancher Skeptiker wird es sich mehrfach überlegen, ob er sich zu Wort meldet, insbesondere wenn die Gefahr besteht, sich vor Anwesenden zu blamieren.

So reagieren Sie

Sie sollten genügend Selbstbewusstsein aufweisen, um dennoch zweifelhafte Punkte anzusprechen:

- „In der Fokus-Werbung heißt es: Fakten, Fakten, Fakten. Auf Fakten warte ich vergebens, bitte klären Sie mich auf."
- „Offensichtlich habe ich etwas Ihrer Meinung nach Selbstverständliches übersehen. Ich wäre Ihnen deshalb dankbar, wenn Sie konkret die Informationen aus der Fachpresse präsentieren würden."
- „Nein, das weiß ich bedauerlicherweise nicht. Aber ich bin interessiert, Genaueres zu erfahren. Könnten Sie mich bitte näher informieren?"
- „Mir ist es lieber, einen Moment als unwissend dazustehen, als wegen unzureichender Informationen eine fehlerhafte Entscheidung zu treffen."
- „Entschuldigung, heute stehe ich wohl etwas auf der Leitung. Bitte erklären Sie mir das genauer."

Verbalattacke Nr. 18

Sie als fortschrittlicher Experte werden sich diesen modernen Möglichkeiten sicherlich nicht verschließen wollen.

Wohl dem, der über einen so großen Erfahrungsschatz auf diesem Gebiet verfügt wie Sie. Ihnen kann niemand ein X für ein U vormachen. Deshalb bin ich sicher, dass Sie folgenden Vorschlag wohlwollend aufnehmen werden ...

Was steckt dahinter?

Sie haben die Marschrichtung Ihres Gesprächspartners bereits erkannt: Mit einer gezielten Schmeichelei soll eine positive Gesprächsatmosphäre erzeugt bzw. eine Zustimmung erkauft werden.

Mit der Streicheleinheit „fortschrittlicher Experte" und der Wortwahl „moderne Möglichkeiten" soll in Ihnen ein Gefühl der Zustimmung bewirkt werden, denn wer möchte schon als wenig fortschrittlich oder unmodern erscheinen. Dennoch sollten Sie sich trotz der aufkommenden positiven Stimmung bemühen, auf dem Teppich zu bleiben und sich nicht einwickeln zu lassen.

Auch hier wird der Gesprächsinhalt von der Sachebene auf die Gefühlsebene gehoben.

So reagieren Sie

Dass wir uns nicht falsch verstehen: Sympathie zwischen Gesprächspartnern erleichtert es ungemein, gute Ergebnisse zu erzielen. Harmonieren wir persönlich, kommen auch unsere Argumente besser beim Partner an, als wenn sich Antipathie störend breitmachen würde. Dennoch: Immer dann, wenn Sie plötzlich Sympathie für Ihren Gesprächspartner empfinden, sollten Sie sich fragen, ob hinter seinen Aussagen nicht eine bestimmte Absicht steckt.

Generell sollten Sie von der Gefühlsebene schnell wieder auf die Sachebene zurückkehren:

- „Danke für die Blumen. Lassen Sie uns zur Sache kommen …"
- „Sie sind sehr entgegenkommend. Danke für das Kompliment, das ich nicht verdient habe. Nun aber zu Ihrem Angebot …"
- „Ich bin daran interessiert, moderne Möglichkeiten auch in meinem Bereich einzusetzen. Allerdings muss sich dies nach meiner Interessenlage anbieten, die nur ich beurteilen kann. Deshalb weise ich erneut …"
- „Herzlichen Dank für Ihre aussagekräftigen Informationen. Erlauben Sie mir bitte, dass ich mir den Vorschlag noch einmal in Ruhe durch den Kopf gehen lassen will."

Verbalattacke Nr. 19

Wir sollten uns als Laien nicht zu weit aus dem Fenster lehnen, wenn selbst Experten um den besten Weg streiten. Wollen Sie etwa das Risiko tragen, dass es zu einer schmerzhaften Bruchlandung kommt?

Was steckt dahinter?

Vermutlich scheut der Kontrahent jedes Risiko und versucht deshalb, unter Hinweis auf streitende Experten das Vorhaben zu konterkarieren. Dabei kann der Verweis auf sich widersprechende Experten ein Vorwand sein, weil es sich für viele Menschen besser auf ausgetretenen Pfaden laufen lässt. Demzufolge können Sie auf die Suche nach kürzeren oder weniger beschwerlichen Wegen verzichten. Für den Fall, dass der Kontrahent mit seiner Ablehnung nicht durchkommt, soll Ihnen bereits jetzt im Fall eines Misslingens die Verantwortung in die Schuhe geschoben werden. Dabei schwingt die leise Hoffnung mit, Sie könnten sich auf diese Weise beeindrucken lassen und Ihren Vorschlag zurückziehen.

So reagieren Sie

- „Selbst wenn Experten sich nicht einig sind, heißt das nicht, dass wir uns vor der Verantwortung drücken. Entscheiden wir nicht, tun es möglicherweise andere für uns und dann müssen wir eine fremde, möglicherweise wenig schmackhafte Suppe auslöffeln. Wir sollten das Problem mit der notwendigen Vorsicht und Besonnenheit nach bestem Wissen und Gewissen angehen …"
- „Wollen Sie lieber das Risiko tragen, wesentliche Neuerungen zu verschlafen und die Firma gegen die Wand zu fahren? Nicht umsonst heißt es: Wer das kleinste Risiko scheut, geht das größte Risiko ein."
- „Ich hoffe, dass alle Konkurrenten ebenso denken. Dann können wir uns bequem zurücklehnen und der Dinge harren, die irgendwann auf uns zukommen."
- „Welche konkreten Befürchtungen lassen Sie vermuten, die Neuerung könnte scheitern?"

- „Sie malen eine pessimistische Entwicklung an die Wand. Welche Überlegungen oder Fakten stützen Ihre Auffassung?“
- „Wäre das Leben nicht fürchterlich eintönig, wenn wir nicht den Mut hätten, etwas zu riskieren? Wollen Sie etwa ewig mit Scheuklappen vor den Augen herumlaufen und sich nicht hinter dem Ofen hervorwagen?“
- „Wer nie etwas riskiert, kann weder scheitern noch etwas gewinnen. Und wenn wir rechtzeitig Sicherungspfeiler einziehen, können wir nur gewinnen.“
- „Weshalb sollten wir uns nicht aus dem Fenster lehnen, um die am Horizont sich abzeichnenden Neuerungen besser zu erkennen? Natürlich werden wir das Risiko reduzieren, indem wir uns mit Vorsichtsmaßnahmen absichern. Dabei denke ich an …“
- „Bis die Experten zu einer gleichlautenden Bewertung kommen, bleibt die Zeit nicht stehen, sondern läuft uns davon – und wir haben das Nachsehen. Deshalb sollten wir unsere Hände nicht in den Schoß legen. Schließlich kennen wir vor Ort die Situation genau und können am besten einschätzen, was machbar ist oder verworfen werden sollte. Das kann uns kein Experte abnehmen.“
- „Lassen wir uns folgendes Wortspiel auf der Zunge vergehen: ‚Dort, wo nichts passiert, wenn nichts passiert, passiert nichts.‘ Passen wir uns den veränderten Bedingungen nicht an, wird das zu unerwünschten negativen Ergebnissen führen.“
- „Stillstand bedeutet Rückschritt. Und den können wir uns wirklich nicht leisten. Dafür sollten wir den Fortschritt anvisieren. Das ist zwar ein Schritt fort von dem Bisherigen, wird aber zum Erfolg führen, wenn wir gewissenhaft …“
- „Wenn der Wind der Veränderung weht, sollten wir keine Mauern bauen, sondern besser Windmühlen. Stimmen Sie dem zu, dann sollten wir uns fragen …“

Übrigens: Im Regelfall wissen Sie nicht, ob Ihnen ein Kontrahent mit einem Einwand oder Vorwand begegnet.

Betrachten Sie einen Einwand als etwas Normales, denn er zeigt Ihnen das Interesse des Gesprächspartners (ansonsten wäre das Gespräch abgebrochen worden) und gibt Hinweise auf seinen Standpunkt. Zwar ist noch keine Übereinstimmung erzielt, doch ermöglicht Ihnen der Einwand, das Gespräch in eine bestimmte Richtung zu lenken und Ihre Argumente gezielt einzusetzen.

Anders ordnen Sie einen Vorwand ein. Hier zieht der Kontrahent eine Wand vor, hinter der er sich versteckt. Um herauszufinden, ob Ihnen ein Vorwand genannt wird, fragen Sie zum Beispiel hypothetisch nach:

- „Angenommen, das Risiko wäre überschaubar. Würden Sie sich dann der Auffassung anschließen?"
- Angenommen, wir würden über genügend Informationen verfügen, um auf die Expertise von Experten verzichten zu können. Wären Sie dann mit im Boot?"
- „Sagen wir einmal, das Problem wäre lösbar – gäbe es dann noch einen weiteren Ablehnungsgrund?"
- „Wenn das Problem nicht bestünde …"
- „Gesetzt den Fall, das wäre nicht der Fall, würden Sie dann …?

Wird die Rückfrage bejaht, haben Sie es mit großer Wahrscheinlichkeit mit einem Einwand zu tun, den Sie argumentativ entkräften können. Lehnt der Kontrahent aber ab, können Sie von einem Vorwand ausgehen. Weitere Bemühungen, das Gespräch mit zusätzlichen Argumenten erfolgreich zu gestalten, wären vermutlich zwecklos, denn Ihr Gegenüber hat sich auf seine Kontraposition festgelegt. Nun wäre die Gesamtsituation anzusprechen:

- „Was können wir tun, um zu einem tragbaren Ergebnis für alle zu kommen?"
- „Ich erkenne Ihre Abwehr. Gibt es noch eine Möglichkeit …?"

Abschließend noch eine Überlegung: Lohnt es sich, die Einwände und Vorwände von Kontrahenten immer ausräumen zu wollen? Haben andere Menschen nicht ein Recht darauf, anders zu denken, zu fühlen und zu handeln als Sie? Wir sollten akzeptieren, dass es ständig Unterschiede in der Betrachtungsweise gibt, denn zwei Menschen haben immer zwei verschiedene Sichtweisen.

Verbalattacke Nr. 20

Frisch gewagt ist halb gewonnen.

Was Hänschen nicht lernt, lernt Hans nimmermehr.

Wer zu spät kommt, den bestraft das Leben.

Viele Köche verderben den Brei.

Der Apfel fällt nicht weit vom Stamm.

Was steckt dahinter?

Die deutsche Sprache verfügt über einen großen Schatz an Sprichwörtern und Floskeln, mit dem nahezu alles bewiesen oder abgewehrt werden kann. Andersdenkende nutzen gern Sprichwörter oder allgemeine Redewendungen (vorstehend lediglich eine kleine Auswahl), damit von der Gegenseite auf das Vorbringen von Argumenten verzichtet wird. Denn diese Gemeinplätze sprechen vorrangig Gefühle an und verleiten dazu, Aussagen als feststehende und unumstößliche Lebensweisheiten zu betrachten. Sie werden von vielen Menschen ungeprüft und unkritisch akzeptiert.

So reagieren Sie

- „Unabhängig von diesem Sprichwort, welches doch nur eine allgemeine und nicht immer ernst zu nehmende Lebensweisheit darstellt, bitte ich um Ihre Argumente."
- „Das haben Sie aber schön gesagt. Im ersten Moment hört sich das gut an, bringt uns aber nicht weiter. Wenn wir zu verantwortbaren Ergebnissen kommen wollen, sind Sprichwörter wenig hilfreich. Vielmehr kommt es auf Argumente und Vorschläge an. Was halten Sie von …?"
- „Ein Sprichwort ist mir zu unpräzise, um darauf eine Entscheidung aufzubauen. Wollen wir uns mit dem Problem ernsthaft beschäftigen, müssen wir uns mit der Materie auch ernsthaft auseinandersetzen und Vor- und Nachteile gewissenhaft abwägen. Nach wie vor vertrete ich den Standpunkt …"

- „Jetzt bin ich überrascht. Haben Sie bei Ihrem Hinweis 'Der Apfel fällt nicht weit vom Stamm' etwa an Sippenhaft gedacht? So leicht sollten wir uns das nicht machen. Was lässt sich zusätzlich …"

Dass es sich bei der Verwendung von Sprichwörtern um einen billigen Trick handelt, erkennen wir an Gegensprichwörtern, die konterkarierend wirken, zum Beispiel:

Was Hänschen nicht lernt, lernt Hans nimmermehr.	–	Man wird alt wie eine Kuh und lernt immer noch etwas dazu.
Wer nicht wagt, der nicht gewinnt.	–	Erst wäg's, dann wag's.
Frisch gewagt ist halb gewonnen.	–	Wer langsam fährt, kommt auch zum Ziel.
Gegensätze ziehen sich an.	–	Gleich zu gleich gesellt sich gern.
Wer warten kann, hat viel getan.	–	Wer rastet, der rostet.
Der Starke ist am mächtigsten allein.	–	Einigkeit macht stark.
Reden ist Silber, Schweigen ist Gold.	–	Wer stets schweiget und nie spricht, weiß man so, was ihm gebricht?
Unverhofft kommt oft.	–	Große Ereignisse werfen ihre Schatten voraus.
Glück hat auf Dauer nur der Tüchtige.	–	Das Glück hilft dem Narren.
Dem Glücklichen schlägt keine Stunde.	–	Wer zu spät kommt, den bestraft das Leben.

Hieraus ergeben sich für Sie interessante Reaktionsmöglichkeiten. Was geschieht aber, wenn Sie auf das Sprichwort des Kontrahenten sofort mit dem Gegensprichwort kontern? Anwesende Dritte erkennen damit umgehend die Fragwürdigkeit des vom Kontrahenten verwendeten Sprichworts und die von ihm beabsichtigte Wirkung lässt sich nicht mehr erzielen.

- „Das hört sich gut an: ‚Frisch gewagt ist halb gewonnen.' – Was halten Sie indes von ‚Eile mit Weile'? Sprichwörter bringen uns nicht weiter. Ich meine …"
- „Es mag Situationen geben, in denen das Sprichwort ‚Viele Köche verderben den Brei' sicherlich zutrifft. Aber auch das Sprichwort ‚Vier Augen sehen mehr als zwei' ist nicht von der Hand zu weisen. Bevor wir jetzt diskutieren, welches Sprichwort eher zutrifft, sollten wir uns auf die

Fakten konzentrieren. Mit welchen Argumenten möchten Sie mich überzeugen?“

- „Ich fände das variierte Sprichwort ‚Frisch gewagt ist halb verloren, denn vier Köche sehen mehr als zwei‘ auch recht nett. Aber wir sollten uns nicht darin messen, wer die meisten Sprichwörter kennt, sondern den Punkt … erörtern.“

Verbalattacke Nr. 21

Aber Sie glauben doch nicht etwa, dass wir Sie benachteiligen wollen?

Sie halten uns doch nicht für so unanständig, dass wir Fehlerhaftes liefern?

Was steckt dahinter?

Auch hier soll der Gesprächsgegenstand von der sachlichen auf die moralische Ebene gehoben werden. Nur selten wird der Mut aufgebracht, mit „Doch, das glaube ich“, oder „Jawohl, ich halte Sie für unanständig“, zu antworten. Ihr Gesprächspartner erhofft die beteuernde Antwort „Nein, nein“, um dann zu erwidern: „Nun, ich freue mich, dass wir uns völlig einig sind.“

So reagieren Sie

Sie tapsen nicht in die ausgelegte Falle, sondern bleiben sachlich:

- „Ich sehe meine Interessenlage so, wie ich sie geschildert habe. Es geht hier nicht um eine Benachteiligung, sondern vorrangig um den Preis. Und dieser erscheint mir unangemessen hoch, weil …“
- „Würde ich Sie für unanständig halten, glauben Sie mir bitte, dann würde ich nicht mit Ihnen sprechen. Allerdings weist die gelieferte Ware folgende Mängel auf …“
- „Ich habe keinen Anlass, an Ihren lauteren Absichten zu zweifeln. Da aber Fehler überall passieren können, sollten wir überlegen, wie sie aus der Welt zu schaffen sind …“

Verbalattacke Nr. 22

Ich appelliere an Ihre geradezu sprichwörtliche Hilfsbereitschaft und bitte Sie, uns in dieser Sache mit Rat und Tat zur Seite zu stehen.

Ich bin davon überzeugt, dass unsere jahrelangen guten Beziehungen auch in diesem Fall von Ihnen nicht unberücksichtigt gelassen werden.

Was steckt dahinter?

Oscar Wilde sagte schon: „Schützt mich vor meinen Freunden. Mit meinen Feinden werde ich selber fertig." – Tatsächlich sind wir gegenüber Forderungen oder Bitten von Freunden oft wehrloser, als es bei übertriebenen oder unverschämten Forderungen von Feinden der Fall ist. Es ist schwer, Bitten unter dem Deckmantel der Freundschaft abzuschlagen. Auch Appelle an unsere Großherzigkeit, unser Verständnis, unseren Großmut, an gemeinsame Erlebnisse und Erinnerungen oder Ähnliches stimmen uns häufig milder. Bevor wir die geäußerte Bitte abschlagen, sind wir oft genug bereit, unseren Entscheidungsspielraum bis an seine Grenzen auszuweiten, um so den Hilfesuchenden nicht völlig zu enttäuschen und ihm eine harte Ablehnung zu ersparen. Meist erkennen wir erst später, dass wir ausgenutzt wurden.

In solchen Fällen wird das Gespräch von der sachlichen auf die moralische Ebene gehoben. Indem an Ihre Gefühle appelliert wird, soll Ihr Verstand weniger Gelegenheit zum Nachdenken erhalten. Bewusst sorgt der Kontrahent für „gut Wetter", denn er weiß, dass die meisten Menschen bei einer angenehmen Gesprächsatmosphäre eher zu Zugeständnissen bereit sind („Ohne Kontakt kein Kontrakt").

So reagieren Sie

Vorsicht! Lassen Sie sich nicht auf der Gefühlsebene einlullen, sondern fragen Sie sich: „Wie sieht die Sache ohne Gefühle aus?" Nur wenn es in Ihren Plan passt und Ihrer Interessenlage entspricht, sollten Sie Ihren Gefühlsregungen nachgeben. Beurteilen Sie eher streng, ob auch ohne diesen Appell Ihre Entscheidung in gleicher Weise ausfallen würde.

- „Im Rahmen meiner Möglichkeiten will ich mich gern bemühen, hilfreich zu sein. Nageln Sie mich aber bitte nicht fest, denn schließlich muss ich auch noch andere Gegebenheiten berücksichtigen."
- „Ich glaube nicht, dass Sie es nötig haben, auf unsere Hilfsbereitschaft zu setzen. Dennoch helfen wir, wo wir nur können. Sie haben sicherlich Verständnis, dass wir hierbei unsere eigene Interessenlage nicht aus den Augen verlieren. Was halten Sie von …"
- „Hilfsbereitschaft ist mein zweiter Vorname, mein erster Vorname heißt aber – und das werden Sie verstehen – eigene Interessenlage."

Verbalattacke Nr. 23

Ihre Argumente sind genauso wirr wie Ihre Frisur.

Ihr Anzug hat die gleiche graue Farbe wie Ihre geistige Haltung.

Was steckt dahinter?

Wird über das Outfit einer anderen Person hergezogen, hofft man, das Image diesen Menschen insgesamt zu schädigen. Mit oberflächlichen Beobachtungen und subjektiven Einschätzungen soll eine Person ins Abseits gestellt werden. Dabei kann auf substanzielle Argumente getrost verzichtet werden.

Zwar ist das Outfit eines Menschen Teil seiner Individualsphäre, dennoch gilt im Berufsleben nach wie vor der Grundsatz „Kleider machen Leute“. Man erwartet, dass der Auftritt weder over- noch underdressed ist. Ist das Outfit nicht angemessen, wird das zwar aufmerksam zur Kenntnis genommen und man denkt sich seinen Teil, doch gesprochen wird in der Regel nur dann darüber, wenn die Person als Aushängeschild des Unternehmens auftritt. Wird das Thema aber in abwertender und aggressiver Form angesprochen, muss eine eindeutige Reaktion folgen.

So reagieren Sie

- „Mein Outfit steht hier nicht zur Diskussion, sondern die Frage ...“
- „Mich interessiert brennend, ob Sie auch etwas zu der Sache sagen können.“
- „Unsere Zeit ist doch zu schade, um über Oberflächliches zu diskutieren. Was halten Sie ...?“
- „Bleiben Sie bitte sachlich. Wir haben uns doch nicht getroffen, um über meine Frisur zu reden. Dafür wäre mein Friseur doch der kompetentere Gesprächspartner.“
- „Wie schön – Sie sind nicht farbenblind. Das ist immerhin schon etwas. Aber ich verstehe Ihre Logik: Mir fällt die schwarze Farbe Ihrer Schuhe auf, die darauf hinweist, dass es sich bei Ihnen um einen ausgesprochen traurigen Fall handeln könnte. Aber nun genug der Farbenlehre und von ableitbaren Interpretationen. Wir diskutierten soeben über den Punkt ...“

- „Ihrer Meinung nach trägt also die Farbe meines Anzugs zur Klärung der strittigen Punkte/des Sachverhalts bei?"
- „Wenn ich mir Sie anschaue, bin ich froh, dass es bei mir nur meine Frisur ist."
- „Über Geschmack sollte man nicht streiten."
- „Ich bedanke mich für Ihren unfairen Einwand, der unserer Sache in keiner Weise dient …"

Verbalattacke Nr. 24

Nehmen Sie es doch nicht gleich persönlich!

Sie müssen nicht gleich so empfindlich sein.

Was steckt dahinter?

Eine unverschämte Bemerkung eines Kollegen, eine harsche Kritik eines Vorgesetzten, eine herabsetzende Bemerkung eines Partners usw. sind Beispiele für alltägliche Konfliktsituationen, die psychische Schmerzen verursachen können. Ob und in welchem Ausmaß Sie hierunter leiden, entscheiden Sie selbst. Machen Sie sich bewusst, dass Ihr Leben zu kurz ist, um sich ständig zu fragen, was andere über Sie denken. Wie sagte schon Mahatma Gandhi:

Niemand kann mich ohne meine Erlaubnis verletzen.

Grundsatz: Je weniger Sie sich von Ärger, Wut oder Rachegefühlen leiten lassen, desto gelassener können Sie mit kränkendem Verhalten anderer Menschen umgehen und umso besser funktionieren Ihre grauen Zellen. Denken Sie eher daran: Alles, was andere über Sie sagen, ist deren Realität – nicht Ihre.

Ihr Kontrahent hat Sie angegriffen und will nun statt einer fälligen Entschuldigung die Situation mit obiger Floskel entschärfen. Vielleicht erklärt er mit Unschuldsmiene, er habe es ja gar nicht so gemeint, Sie hätten ihn gründlich missverstanden, nach wie vor brächte er Ihnen hohe Wertschätzung entgegen usw.

So reagieren Sie

- „Weshalb sollte ich es wohl persönlich nehmen?
- „Ich soll es nicht persönlich nehmen, wenn Sie in übler, unfairer und verwerflicher Art über mich herziehen? Ich bin ja recht tolerant. Aber Ihr Verhalten schlägt dem Fass den Boden aus. Wollen Sie sich jetzt endlich dazu bequemen, sich in sachlicher Form an unserer Besprechung zu beteiligen?“

- „Wie soll ich Ihrer Meinung nach reagieren? Soll ich Ihnen nach Ihren letzten Worten etwa um den Hals fallen?“
- „Ihr Angriff soll nichts mit mir persönlich zu tun haben? Wenn nicht mit mir, mit wem sonst? Ich nehme mein Leben sehr persönlich, deshalb stört es mich, dass Sie …“
- „Sie sind aber gut! Zuerst draufhauen und dann abschwächen – ist das in Ihren Augen fair?“
- „Sie haben wohl ein dickes Fell, sodass Sie Unfaires von Gesprächspartnern problemlos wegstecken können. Ich aber nicht. Ich betrachte Ihr Verhalten als nicht besonders sensibel, eher als rücksichtslos. Insbesondere …“
- „Ich nehme es nicht persönlich, sondern ich nehme lediglich zur Kenntnis, dass Sie in unangemessener Weise Kritik üben. Sie unterstellen …“
- „Ich wünsche mir, Sie könnten sachlich agieren, dann brauchten Sie sich um mein persönliches Befinden keine Gedanken machen.“
- „Sie können mich mit Ihrer überzogenen Kritik nicht aus dem Gleichgewicht bringen, deshalb nehme ich es nicht persönlich, sondern denke mir meinen Teil.“

Verbalattacke Nr. 25

Da wollte mich doch tatsächlich ein schlecht informierter Kunde mit dem Argument überraschen ...

Manche mit der Materie nur unzureichend vertraute Personen glauben immer noch ...

Was steckt dahinter?

Können Sie Ihre Gegenargumente vortragen, hat der Kontrahent die undankbare und oft schwierige Aufgabe, diese im Raum stehende Meinung zu beseitigen. Dem will er vorbeugen.

Nach dem Motto „Angriff ist die beste Verteidigung“ versucht er Ihnen das Wasser abzugraben. Er bereitet sich auf das bevorstehende Gespräch gut vor und überlegt dabei, welches wohl Ihre besten Argumente sind. Diese mit Sicherheit zu erwartenden Punkte bringt er – bevor Sie sich äußern können – selbst ins Gespräch und bemüht sich, sie sogleich zu entkräften oder schlechtzumachen.

Diese als Einwandvorwegnahme (Prolepsis) bekannte Technik führt häufig zum Erfolg. Der Gesprächspartner fühlt sich überrumpelt, weil sich seine besten Argumente in Luft auflösen und damit auch sein gesamtes Gesprächskonzept. Mit dieser Methode sollte allerdings vorsichtig und sparsam umgegangen werden. Es besteht die Gefahr, dass der Gesprächspartner überhaupt erst auf eine Idee gebracht wird oder man damit ein Argument, das sonst nicht weiter ins Gewicht gefallen wäre, aufwertet.

Mit den folgenden Formulierungen lassen sich widersprechende Ansichten beispielsweise gut auf den Weg bringen:

- Nun werden Sie mir entgegenhalten …
- Zwar wird mancher sagen, dass …
- Nun höre ich gewisse Leute schon sagen …
- Gelegentlich wird hier die Ansicht vertreten …
- Es lässt sich natürlich einwenden …
- Es gibt tatsächlich Leute, die glauben …

Nachdem Ihr Kontrahent Ihr Argument auf diese Weise ans Tageslicht beförderte, beginnt seine Widerlegung mit Formulierungen wie „aber", „jedoch", „dem halte ich aber entgegen", „jedoch ist dann zu fragen" oder „in unserem Fall sieht der Sachverhalt etwas anders aus" usw.

In den eingangs erwähnten Beispielen erschwert Ihnen der Kontrahent eine Gegenwehr zusätzlich mit den Formulierungen „schlecht informierter Kunde" und „mit der Materie nur unzureichend vertraute Personen". Es bleibt Ihnen nur noch die Wahl, dem Kontrahenten beizupflichten oder sich als „schlecht informiert" bzw. sich als „unzureichend mit der Materie vertraut" zu outen.

So reagieren Sie

- „Ich habe sehr wohl erkannt, dass Sie hier mit der hinlänglich bekannten Einwandvorwegnahme arbeiten. Lassen Sie uns bitte ab sofort ohne diese Spielchen unsere Gedanken austauschen."
- „Schieben wir doch einmal den ‚schlecht informierten Kunden' beiseite und beschäftigen wir uns besser mit Fakten …"
- „Viele Beispiele hinken und manche sind total untypisch, so auch das gerade von Ihnen genannte. Ich kenne vergleichbare Beispiele mit völlig anderen Ergebnissen. So kommen wir nicht weiter. Deshalb sollten wir uns der Frage zuwenden …"

Verbalattacke Nr. 26

Diese neue Arbeitsmethode habe ich schon vor vier Jahren in meinem Bereich ausprobiert. Das Ergebnis: Es traten derartig viele Schwierigkeiten auf, dass wir schnell wieder zur Ausgangslage zurückkehrten. Niemals wird jemand mit dieser Methode Erfolg haben!

Bei ... hat die Anlage ebenfalls versagt. Das zeigt uns doch, dass sie überhaupt nichts taugt.

Was steckt dahinter?

Der Kontrahent möchte im Idealfall mit einem einzigen Gegenbeispiel Ihr sorgsam aufgebautes Kartenhaus zum Einsturz bringen. Dies weist auf ein unfaires Gesprächsverhalten hin, denn ein einziges Beispiel oder nur wenige Beispiele ohne zeitlichen oder sachlichen Zusammenhang dürfen nicht unzulässig verallgemeinert werden. Vielfach wird jedoch von Mitmenschen nach dem Denkmuster „einmal, zweimal, immer" bzw. „Alle sind ..." argumentiert. Die zu Verallgemeinerungen neigenden Zeitgenossen geben sich keine Mühe, neue Erkenntnisse zu sammeln, denn sie glauben, mit einer als Vorurteil einzustufenden Verallgemeinerung die Situation meistern zu können. Mit der Verallgemeinerung dokumentiert der Kontrahent, dass er ein „Brett vor dem Kopf" hat und sich nicht durch neue Gedankengänge stören lassen möchte. Pauschalierungen mögen zwar am Stammtisch zu fortgeschrittener Stunde um des lieben Friedens akzeptiert werden. Sie lassen sich aber nicht durch dieses im Brustton der Überzeugung vorgetragene Vorurteil beeindrucken. Ein Spötter erkannte: „Hartnäckige Menschen benutzen ihre Vorurteile wie dicke Wintermäntel. Sie lassen sich wärmen und legen den Mantel nicht ab, obwohl längst der Sommer eingezogen ist."

BEISPIELE:
Bei zwei Aufenthalten im Rathaus beobachtete ein Bürger, wie die Mitarbeiter zusammen Kaffee tranken. Nun erklärt er im Brustton der Überzeugung: „In der Gemeindeverwaltung wird von morgens bis abends nur Kaffee getrunken. Die haben wohl nichts Besseres zu tun."

Ein Mitarbeiter wird von seinem Vorgesetzten dabei ertappt, dass er nicht die ganze Wahrheit gesagt hat. Schon hat sich bei der Führungskraft die Erkenntnis festgesetzt: „Der ist mit Vorsicht zu genießen, auf ihn ist kein Verlass."

So reagieren Sie

- „Ich bitte Sie, niemals nie zu sagen. Wenn die Zeit für gewisse Veränderungen noch nicht reif ist, geht trotz intensiver Bemühungen alles schief. Sicherlich war das vor vier Jahren der Fall. Jetzt schreiben wir aber das Jahr ... Wir haben unsere Werkstatt in vielen Bereichen angepasst und sie weiterentwickelt, sodass wir uns auch bei unseren Arbeitsmethoden einem aktuellen Stand anpassen sollten ..."
- „Ist das vorgetragene Pauschalurteil nicht sehr gefährlich, weil es eine Verallgemeinerung darstellt? Wollen wir hierauf unsere Entscheidung aufbauen? Ich vermute nein, denn ..."
- „Nun, wir wissen alle, dass eine Schwalbe noch keinen Sommer macht. Zur damaligen Zeit waren die Voraussetzungen vermutlich sehr ungünstig. Heute treffen wir eine völlig andere Situation an. Denken Sie bitte an ... Jetzt ist es an der Zeit, einen neuen Versuch zu starten, bei dem wir die damaligen Fehler gewiss nicht wiederholen werden ..."
- „Ein einzelnes Beispiel beweist noch nichts. Davon lässt sich keine allgemeingültige Aussage ableiten. Ich erinnere an andere Betriebe, die schon seit einiger Zeit gute bis sehr gute Erfahrungen mit der neuen Arbeitsmethode gemacht haben. Warum soll uns nicht gelingen, was andere bereits mit guten Ergebnissen vorexerziert haben?"
- „Es hilft nichts, zur Verbesserung unserer Position müssen wir alle Rationalisierungsmöglichkeiten nutzen. Wenn wir alle – ohne Ausnahme – mit Nachdruck an einem Strang ziehen, werden wir diese schwierige Übergangsphase erfolgreich bestehen. Deshalb bitte ich ..."
- „Ihr Einwand ist interessant. Da wir Schwierigkeiten aber als Chancen betrachten, ducken wir uns nicht weg, sondern nehmen die Herausforderung an. Was halten Sie konkret von ...?"
- „Wir sollten nicht zu schnell die Flinte ins Korn werfen. Erfinder sind häufig erst nach vielen Versuchen zu bahnbrechenden Ergebnissen gelangt. Ich appelliere an Sie, nicht gleich nach einem Fehlversuch den Mut zu verlieren. Wie würden wir sonst dastehen?"

Verbalattacke Nr. 27

Ich halte nichts von diesen progressiven Ideen mancher Leute. Auch lehne ich veraltete Vorstellungen ab. Der goldene Weg liegt immer in der Mitte.

Was steckt dahinter?

Diese Aussage lässt erkennen, dass Ihr Kontrahent sich nicht in geistige Unkosten stürzen und seine grauen Zellen nicht in Bewegung setzen will. Vielleicht steht auch für seine Feststellung die Angst vor einer Entscheidung oder aber persönliche Feigheit Pate, um wirklich kritisch zu einem Sachverhalt Stellung zu beziehen. Die Wahrheit soll in der Mitte zwischen zwei gegensätzlichen Auffassungen liegen. Das mag in einem Fall zutreffen, in einem anderen Fall liegen wir aber völlig daneben.

Behauptet eine Partei, die von der Wäscheleine gestohlenen Socken wären schwarz gewesen und entgegnet eine andere Partei, es habe sich um weiße Socken gehandelt, könnte ein Dritter daraus schließen, dass die Socken in Wahrheit wohl grau waren. Was aber, wenn sie blau, grün, rot oder gelb waren?

Mit anderen Worten: Die Wahrheit liegt durchaus nicht immer in der Mitte. Häufig muss man sich für die eine oder andere Auffassung entscheiden und kann nicht einen scheinlogischen Kompromiss eingehen.

So reagieren Sie

- „Das haben Sie gut gesagt. Oft trifft Ihre Aussage auch zu. Sollten wir uns in unserem Fall aber allein auf den goldenen Mittelweg konzentrieren? So leicht sollten wir uns das nicht machen. Welche Wege sollten wir zusätzlich ins Auge fassen?“
- „Das Richtige ist nicht die Mitte zwischen zwei falschen/zweifelhaften Möglichkeiten. Es ist mir zu suspekt, hier einem schwachen Kompromiss zuzustimmen. Uns bleibt wohl nichts anderes übrig, als sehr genau hinzusehen.“
- „Ihr Hinweis erinnert mich an einen Bekannten. Dessen Devise lautet: Ich sage nicht ja. Ich sage nicht nein. Ich würde sagen, ich bin nicht ganz dagegen.“

Verbalattacke Nr. 28

Jetzt müssen wir Farbe bekennen und uns entscheiden: Entweder ein klares JA oder ein klares NEIN.

Sollen wir Herrn X entlassen oder nicht?

Was steckt dahinter?

Bei dieser „Friss-oder-stirb"-Argumentation sollen Sie zu einer schnellen Entscheidung gedrängt werden, bei der Ihnen nur die Wahl zwischen zwei Extremen (= zwei Enden einer langen Geraden, Dazwischenliegendes bleibt unberücksichtigt) bleibt. Bei genauer Betrachtung wird jedoch häufig erkennbar, dass auch noch andere Möglichkeiten denkbar sind. So könnte Herr X beispielsweise versetzt werden, andere und seiner Eignung eher entsprechende Aufgaben erhalten oder zur Verringerung fachlicher Defizite zu einer bisher unterbliebenen Schulung geschickt werden. Schon Johann Wolfgang von Goethe schrieb:

In der Welt ist es sehr selten mit dem Entweder-oder getan.

Und Josef Victor von Scheffel gab zu bedenken:

Zwischen entweder und oder führt noch manches Sträßchen.

So reagieren Sie

- „Es gibt sicherlich noch weitere Möglichkeiten. Ich denke dabei an …"
- „Nun, die vorgeschlagenen Extremlösungen halte ich für eine Notlösung. Bevor wir uns mit ihnen beschäftigen, sollten wir auch noch andere Möglichkeiten ins Auge fassen."
- „Welche sonstigen Möglichkeiten können Sie uns noch unterbreiten?"
- „Wäre es nicht für eine abgerundete Entscheidung zweckmäßiger, zunächst alle nur denkbaren Alternativen ins Kalkül zu ziehen? Hier fallen mir zwei weitere Überlegungen ein …"

- „Weshalb wollen Sie einen Kompromissvorschlag ausschließen? Haben Sie hierfür Gründe, die Sie uns bisher noch nicht genannt haben?“
- „Angenommen, ich finde einen dritten Weg. Wären Sie in diesem Fall bereit, über diesen Vorschlag zu sprechen?“
- „Ich könnte mir auch einen gemeinsamen gangbaren Mittelweg vorstellen, und zwar …“
- „Mit dieser Aufforderung setzen Sie mich massiv unter Druck. Das gefällt mir nicht. Lassen Sie uns besser nach weiteren Möglichkeiten Ausschau halten.“

Verbalattacke Nr. 29

Sie sagen damit eindeutig, dass Sie strikt gegen die vorgeschlagene Lösung sind. Damit stehen Sie so ziemlich allein. Leider zeigen Sie auch keine Bereitschaft, sich den Vorschlag noch einmal durch den Kopf gehen zu lassen.

Was steckt dahinter?

Mit dieser negativen Wortwahl sollen Sie ausgegrenzt und in die finsterste Oppositionsecke gedrängt werden. Befürchten eher unsichere Menschen ihre Isolation, schwächen sie häufig die eigenen Aussagen ab: „Naja, so habe ich das nicht ganz gemeint." Dieses Zurückweichen wird den Kontrahenten ermutigen, Ihre Position weiter anzugreifen.

So reagieren Sie

- „Ich bitte darum, hier nur die vorliegenden Fakten zu werten, die den eindeutigen Schluss zulassen, dass ... "
- „Kommt es uns jetzt nicht darauf an, bestmögliche Lösungen zu finden, anstatt uns gegenseitig nach dem Mund zu reden?"
- „Wenn Sie es so sehen, bitte. Ich bevorzuge klare Aussagen, die auf Fakten beruhen und auch meine Interessen berücksichtigen. So weiß jeder, woran er bei mir ist. Sind Ihnen etwa die vielen Drumherumschwätzer lieber, die zwar den Raum über längere Zeit mit Schallwellen füllen, bei denen man sich aber hinterher fragt, was überhaupt gemeint war? Meine Position ist nach wie vor unverändert. Sie müssen sich schon anstrengen, um mich vom Gegenteil zu überzeugen."
- „Sie sollten mich nicht als Bremser betrachten, sondern als konstruktiven Gesprächspartner, der die Dinge in die richtigen Bahnen lenken möchte. Auch wenn ich momentan noch Gegenwind verspüre, sollten Sie erkennen ..."
- „Es irritiert mich nicht, wenn ich mit meiner Meinung allein stehe. Wichtig ist für mich, auf der richtigen Seite zu stehen. Und hier geben mir die Argumente recht, denn ..."
- „Das ist Ihre Meinung, doch die Wirklichkeit sieht ganz anders aus ..."

- „Auf den ersten Blick mag es so aussehen. Hätten Sie genauer hingeschaut, wäre Ihnen vermutlich aufgefallen …“
- „Ihnen kommt es darauf an, ein völlig falsches Bild zu zeichnen. Bei realistischer Betrachtung lässt sich unschwer erkennen …“
- „Ich bin nicht negativ eingestellt, sondern äußere nur meine Meinung, die auf den Punkt gebracht lautet …“
- „Kann es sein, dass Ihre Vorstellungen von erfolgreicher Zusammenarbeit Gegenmeinungen ausschließen? Ich finde, konstruktive Stellungnahmen müssen nicht nur erlaubt sein, sondern wir sollten auch verpflichtet sein, uns mit ihnen in die Willensbildung einzubringen. Fahren wir also mit meiner Überlegung fort …“

Verbalattacke Nr. 30

Heute geht es um das Wesentliche und Grundsätzliche. Deshalb sollten wir uns jetzt nicht in ausufernde Details verlieren. Einzelheiten bringen uns nicht weiter. Wir wollen ja nicht päpstlicher sein als der Papst.

Wir sollten doch an die große Linie denken. Mit Ihren Haarspaltereien und Spitzfindigkeiten lässt sich niemand mehr hinter dem Ofen hervorlocken. Auch machen wir uns damit unser Leben nur unnötig schwer.

Was steckt dahinter?

Hier begegnet uns die klassische Induktion, das Ausweichen ins Allgemeine. Mitunter scheuen Gesprächspartner das Konkrete, bei dem sie Farbe bekennen und Fakten auf den Tisch legen müssen, wie der Teufel das Weihwasser. Das Konkrete soll durch Unverbindliches, Allgemeines ersetzt werden. Diese Vorgehensweise kann darin gipfeln, dass Sie als „kleinkariert" abgestempelt werden, wenn Sie Ihre Auffassung mit detailliertem statistischem Material untermauern.

So reagieren Sie

- „Ich möchte Ihre Schlussfolgerung verstehen. Bitte sagen Sie mir, wie Sie dazu gekommen sind."
- „Was steht bei Wikipedia dazu? Wir sollten doch gleich einmal nachschauen …"
- „Ihnen ist die Sache klar, mir bedauerlicherweise nicht. Bitte helfen Sie mir auf die Sprünge, indem Sie die Zahlen, Daten und Fakten nennen, die für Ihre Meinung den Ausschlag gegeben haben."
- „Wenn wir uns jetzt nicht mit dem ‚Kleingedruckten' beschäftigen, erweisen wir uns einen schlechten Dienst. Erledigen wir heute nicht unsere ‚Hausaufgaben', kommen später die ungeklärten Einzelheiten mit doppelter Intensität wieder auf uns zu und die jetzige Zeitersparnis führt dann zu einem mehrfachen und sehr ärgerlichen Zeitaufwand. Wollen wir eine

abgesicherte Entscheidung treffen, müssen wir ins Detail einsteigen. Hier scheint mir besonders wichtig ..."

- „Halten Sie es für zulässig und verantwortbar, von Beginn an wichtige Details außer Acht zu lassen?"
- „Bisher konnten wir die Qualität unserer Entscheidungen steigern, indem wir den Dingen auf den Grund gingen. Soll das Ihrer Meinung nach ab jetzt nicht mehr möglich sein?"
- „Ein Mosaik setzt sich aus vielen Steinen zusammen, dennoch ist jedes einzelne Steinchen wichtig. Auch bei einer Entscheidung müssen viele Punkte einbezogen, analysiert und bewertet werden. Wie sieht es im Hinblick auf ... aus?"
- „Wir wissen alle aus leidgeprüfter Erfahrung, dass der Teufel bekanntlich im Detail steckt. Ihm sollten wir keine Chance geben, deshalb frage ich ..."
- „Das ist mir allerdings von der Sachlage her zu dünn. Können Sie das etwas genauer erklären?"
- „Wir sind doch die Fachleute, die über das tiefgehende Fachwissen verfügen. Es würde unserem Image schaden, nur so eben an der Oberfläche zu kratzen. Schauen wir uns deshalb ..."
- „Ich bin ein großer Freund von Fakten. Aber bis jetzt warte ich vergebens auf Fakten. Bitte klären Sie mich im Detail auf."
- „Wir sollten nichts übers Knie brechen und später mit den Folgen einer schlechten Entscheidung kämpfen. Sieht das jemand anders ...?"
- „Vor einer Entscheidung bin ich daran interessiert, Genaueres zu erfahren. Bitte informieren Sie mich auch über Einzelheiten."
- „Wir sollten unbedingt ausgereifte Pläne schmieden und bereits frühzeitig mögliche Schwachstellen eliminieren. Damit sparen wir letztlich Zeit und Kosten, was doch auch in Ihrem Interesse liegen dürfte."
- „Sie haben völlig recht, dass wir den Überblick behalten müssen. Dennoch dürfen wir die Details nicht ausklammern, denn auf sie kommt es an, wenn das Gesamtkonzept die erhofften Ergebnisse bringen soll."

Verbalattacke Nr. 31

Diese ersten Überlegungen sind noch mit Details anzureichern. Unfair wäre es, mit frühzeitiger Kritik Schwachpunkte in den Vordergrund zu rücken. Konzentrieren wir uns besser darauf, den Vorschlag mit Leben zu füllen.

Was steckt dahinter?

Haben Sie den Wink mit dem Zaunpfahl „Du wirst dich hüten zu kritisieren" erkannt? Sehen Sie eine Kritik als notwendig an, lassen Sie sich keine Angst einjagen, sondern bringen in sachlicher Form Ihre Kritik sogleich an, bevor die Diskussion in die Ihrer Meinung nach falsche Richtung gelenkt wird. Entscheiden sich die Diskussionsteilnehmer bereits für den im Vordergrund stehenden Vorschlag, wird es für Sie anschließend sehr schwierig, das Ruder noch herumzureißen.

So reagieren Sie

- „Bitte einen Schritt nach dem anderen. Bevor wir uns voreilig mit Ihrem Vorschlag beschäftigen, sollten wir uns nach weiteren Lösungswegen umsehen, als da wären …"
- „Wir sind doch alle an einem guten Ergebnis interessiert. Schießen wir uns jetzt auf Ihren Vorschlag ein, besteht die Gefahr, weitere Lösungsansätze unbeachtet zu lassen. Wie könnten wir also noch …?"
- „Viele Wege führen nach Rom. Ihr Vorschlag stellt einen Weg dar. Untersuchen wir doch zunächst, welche weiteren Wege gangbar sind, um danach zu entscheiden, welchem Weg wir den Vorzug geben."
- „Ihr Vorschlag ist interessant. Ob er allerdings der Weisheit letzter Schluss ist, sollten wir untersuchen, wenn auch alternative Möglichkeiten zur Auswahl stehen."
- „Aus dem Projektmanagement ist mir bekannt, dass bei Problemen zunächst in einer umfangreichen Sammelphase nach Lösungsmöglichkeiten gesucht wird, um danach in der Bewertungsphase den optimalen Ansatz herauszufiltern. Welche Bedenken bestehen, dieses Vorgehen auch jetzt zu praktizieren?"

Verbalattacke Nr. 32

Eine Abteilung steht und fällt mit dem Mann an der Spitze. Wenn die Ergebnisse nicht stimmen, wird es höchste Zeit, dass der Vorgesetzte ausgetauscht wird.

Was steckt dahinter?

Wie oft werden Probleme vereinfacht, verharmlost oder einseitig betrachtet. Nicht selten werden wichtige Einzelheiten verschwiegen, sodass ein einfaches geschlossenes Bild entsteht. Hieraus wird eine eingängige, auf den allerersten Blick richtige Patentlösung entwickelt, die „jeder vernünftig denkende Mensch" akzeptieren muss.

So reagieren Sie

Erinnern wir uns nur an den Profifußball, in dem immer wieder Trainer für Dinge verantwortlich gemacht werden, die außerhalb ihrer Einwirkungsmöglichkeiten liegen. Ob ein Vorgesetzter für unzureichende Ergebnisse tatsächlich zur Verantwortung zu ziehen ist, kann nur dann seriös entschieden werden, wenn vielfältige Einflussfaktoren beachtet wurden. So wäre beispielsweise zu prüfen: Waren die vorgesehenen Ziele überfordernd und damit unrealistisch? Wurden dem Vorgesetzten wollende (= motivierte) und könnende (= geeignete) Mitarbeiter zugeordnet? Standen Umweltbedingungen und -einflüsse im Weg?

- „Ich habe diese Meinung schon häufiger gehört. Ihre Aussage mag in manchen Fällen zutreffend sein, nicht aber im Fall X. Der Vorgesetzte kann nicht isoliert betrachtet werden, wir müssen das gesamte Umfeld berücksichtigen. Denken wir doch einmal daran, wie X es schaffte, die engen Termine trotz der gehäuften Krankmeldungen einzuhalten."
- „Bitte sagen Sie uns, welche gravierenden Fehler einzig und allein X anzulasten sind. Überlegen wir, ob X für die Ergebnisse persönlich verantwortlich ist. Es wäre unfair, müsste er als Bauernopfer den Hut nehmen."
- „Nun, das ist Ihre subjektive Ansicht. Meine Überlegungen gehen in eine andere Richtung, und zwar ..."

Verbalattacke Nr. 33

Mitarbeiter ändern sich leider nicht. Wir müssen sie halt so nehmen, wie sie sind!

Was steckt dahinter?

Mit einer unzulässigen Verallgemeinerung wird eine vermeintliche Gesetzmäßigkeit propagiert, die unzutreffend ist. Weiter will man sich mit der ohne großes Überlegen in den Raum gestellten, sehr individuell geprägten Aussage davon befreien, eigene graue Zellen in Bewegung zu setzen und sich um eine Situationsverbesserung zu bemühen. Bei dieser geistigen Abstinenz wird keine Verantwortung für weniger günstige Arbeitsergebnisse übernommen – man meint, sich mit dieser „unumstößlichen Erkenntnis" entlasten zu können und damit eigenes Nichtstun nachvollziehbar zu machen.

So reagieren Sie

- „Es ist bedauerlich, dass sich Ihre Mitarbeiter nicht ändern wollen. Das hat doch vermutlich einen Grund. Welche Gedanken haben Sie sich dazu gemacht?"
- „Ich habe die Erfahrung gemacht, dass Mitarbeiter sich ändern, wenn es um die Befriedigung ihrer Bedürfnisse geht. Sind Sie diesem Gesichtspunkt schon einmal nachgegangen?"
- „Ich bin immer skeptisch, wenn ein Personenkreis in Bausch und Bogen verurteilt wird. Und ich bin auch skeptisch, mich anschließend mit einer Verallgemeinerung zu begnügen. Sollten Sie nicht besser differenzieren?"
- „Jeder Mensch ist bis zu seinem Tod lernfähig und kann sich ändern. Hindert möglicherweise das berufliche Umfeld Ihre Mitarbeiter daran, ihr Verhalten zu ändern?"
- „Mit diesem Stereotyp kann ich nichts anfangen. Ich habe sehr wohl eine ganze Reihe von Mitarbeitern erlebt, die sich geändert haben. Darauf kann ein Vorgesetzter beispielsweise mit seinen gezielt eingesetzten Führungsmitteln wie Anerkennung und Kritik einen positiven Einfluss nehmen. Wie stehen Sie dazu?"

- „Ihre Aussage ist in meinen Augen ein Armutszeugnis. Was haben Sie bisher unternommen, Ihre Mitarbeiter aus dem Status quo herauszuholen?"
- „Bisher schlummernde Kräfte und Verhaltensänderungen können Sie in Mitarbeitern aktivieren, wenn Sie ihnen mehr Sinn in der Arbeit bieten, sie intensiv in das Geschehen einbinden, Verantwortung übertragen usw. Wäre das für Sie nicht ein gangbarer Weg?"
- „Sollten Sie sich nicht bemühen, aus passiven Betriebsstatisten aktive Mitarbeiter zu machen, die sich bei günstigen Umwelteinflüssen in ihrem Verhalten freiwillig ändern?"
- „Es ist mir zu einfach, Mitarbeitern den Schwarzen Peter anzuheften. Vielleicht gibt Ihnen folgender Ausspruch Napoleons zu denken: ‚Es gibt keine schlechten Soldaten, es gibt nur schlechte Offiziere'."
- „So macht man es sich leicht: Seinen Führungsaufgaben nicht nachkommen und dann alles den ach so phlegmatischen Mitarbeitern in die Schuhe schieben. Dass Sie damit so selbstgefällig leben können …"
- „Saulus hat sich zu Paulus gewandelt – ein interessantes Beispiel, dass sich Menschen sehr wohl ändern können. Und bei Ihren Mitarbeitern soll das nicht der Fall sein? Seltsam …"

Verbalattacke Nr. 34

Sie sagen, mein Vorschlag sei nicht realisierbar. Bevor Sie hier lautstark kritisieren, sollten Sie lieber sagen, wie man es besser machen kann. Sind Sie dazu aber nicht in der Lage, sollten Sie besser schweigen.

Große Töne spucken kann jeder. Wo sind denn Ihre Vorschläge? In welcher Art und Weise haben Sie sich eingebracht? Jetzt haben Sie Gelegenheit für bessere Vorschläge. Spannen Sie uns nicht länger auf die Folter!

Was steckt dahinter?

Das Motto lautet: Haust du meinen Lukas, hau' ich deinen Lukas. Mit einer Retourkutsche will man sich die Mühe ersparen, sachlich auf Ihre kritischen Ausführungen einzugehen.

So reagieren Sie

Tatsächlich gibt es Situationen, in denen Sie zwar Änderungsbedürftiges oder Fehlerhaftes erkennen, Ihnen gegenwärtig jedoch kein Verbesserungsvorschlag einfällt. Dennoch werden Sie auch ohne die gewünschte konstruktive Komponente Ihre Bedenken darlegen.

- „Glauben Sie nicht, dass es viel wichtiger ist, gute Vorschläge zu bringen, statt uns gegenseitig nach dem Mund zu reden?"
- „Ich habe doch nur Kritik angemeldet, um für die Ausgereiftheit unserer Pläne zu sorgen. Wenn niemand mehr den Mut zur Kritik hätte, wer würde sich dann noch um mögliche Schwachstellen Gedanken machen?"
- „Sind Sie auf Ihren Zahnarzt böse, wenn er ein Loch in Ihrem Zahn entdeckt? Vermutlich nicht. Aber mir kreiden Sie es an, wenn ich einen kritikwürdigen Punkt in Ihren Ausführungen entdecke."
- „Momentan verstehen Sie meine Kritik als Bremse. Doch wenn das Projekt erfolgreich abgeschlossen wurde, werden Sie froh sein, dass Erfolgsverhinderer frühzeitig erkannt wurden."

- „Sie ärgern sich über meine konstruktive Kritik nur, weil Ihnen der Fehler nicht selbst aufgefallen ist/Sie meinen Standpunkt noch nicht begreifen."
- „Ich werde gern Ihrem Vorschlag zustimmen, wenn die Frage … zu allseitiger Zufriedenheit beantwortet ist."
- „Sie glauben doch nicht im Ernst, dass mit dieser Retourkutsche das Problem gelöst ist. Wir wollen doch nicht den Weg des geringsten Widerstands gehen. Ihnen liegt doch auch daran, dass zum Schluss etwas Hervorragendes herauskommt. Nicht wahr?"

Beharrt Ihr Kontrahent stur auf seiner Taktik, hilft nur ein drastischer Kommentar:

- „Man braucht selber keine Eier zu legen, um zu erkennen, ob ein Ei faul ist."

Verbalattacke Nr. 35

Ich garantiere Ihnen, dass das klappt.

Was steckt dahinter?

Das unausgesprochene „Wehe, wenn Sie nicht meiner Auffassung sind“, ist unüberhörbar. Hier wird etwas Hundertprozentiges angeboten, was nicht der Realität entsprechen kann (Seite 72). Vermutlich will Sie der Kontrahent in falscher Sicherheit wiegen.

So reagieren Sie

- „Und es gibt gar keine Ausnahmen? Überhaupt keine?“
- „Sie lehnen sich aber weit aus dem Fenster. Kennen Sie die Lebensweisheit: ‚Und erstens kommt es anders, und zweitens als man denkt‘?“
- „Sie sind sehr mutig. Würden Sie Murphys Gesetz kennen, wären Sie vermutlich vorsichtiger, denn danach wird alles, was schiefgehen kann, auch schiefgehen.“
- „Falls es trotz Ihrer Beteuerung nicht klappt, wie soll Ihre Garantie eingelöst werden? Womit stehen Sie persönlich ein? Zu wessen Lasten würde es gehen?“
- „Sie mögen ja eine Rundum-Garantie abgeben und einen hundertprozentigen Erfolg versprechen. Mir ist das aber zu heikel. Erörtern wir nur einen Punkt, mit dem das Projekt zu Fall gebracht werden kann: Was würde passieren, wenn …“
- „Welche Punkte machen Sie so sicher? Bisher sind Sie uns jegliche stichhaltige Informationen schuldig geblieben.“
- „Genau. Und die Titanic war unsinkbar.“

Verbalattacke Nr. 36

Es ist völlig unnötig darüber zu reden, das machen wir doch schon seit Jahren mit Erfolg.

Das haben wir immer schon so gemacht.

Bisher sind wir ganz gut ohne Ihre Ideen ausgekommen.

Gibt es bei uns wirklich keine wichtigeren Probleme?

Was steckt dahinter?

Sie haben sogleich die Killerphrasen erkannt. Das sind pauschale, blockierende, abwehrende und oft auch abwertende Reaktionen, die nicht sachbezogen sind, sondern Emotionen zu bedienen versuchen. Damit sollen Ihre Vorstellungen und Ideen als ungeeignet dargestellt werden, ohne es direkt anzusprechen. Ferner soll der Gesprächsfortschritt gelähmt und die Initiative anderer Gesprächsteilnehmer erstickt werden. Diese Floskeln werden vorzugsweise dann mit großem Nachdruck und im Brustton der Überzeugung herangezogen, wenn Sachargumente entweder schwach sind oder fehlen oder vom eigentlichen Thema abgelenkt werden soll. Gerne werden Killerphrasen mit inhaltslosen Floskeln gekoppelt, um der Scheinargumentation mehr Gewicht zu verleihen. Sie werden vergebens darauf warten, dass der Killerphrasendrescher seine Ablehnung stichhaltig begründen wird. Allerdings wird der wichtigste Beweggrund der Ablehnung erkennbar, der lautet: Ich will nicht! Mit mir nicht! Ich bin dagegen!!

Killerphrasen werden besonders häufig im Rahmen von Veränderungsprozessen angewendet. Vielleicht kennen Sie bereits einige der folgenden Beispiele für Killerphrasen?

- So haben wir das noch nie gemacht!
- Das war schon immer so!
- Geht doch überhaupt nicht!
- Haben wir schon alles versucht.
- Wenn sich das machen ließe, wäre schon früher jemand darauf gekommen.
- Das geht uns nichts an.

- Das wächst uns nur über den Kopf.
- Das muss man völlig anders sehen.
- Das ist alternativlos.
- Klingt ja ganz gut, aber das wird nichts bringen.
- Warum etwas Neues? Der Laden läuft doch.
- Der Vorschlag ist zu radikal/speziell/einseitig/unausgegoren/schwammig.
- Außenstehende lachen sich tot, wenn die hören, was wir vorhaben.
- Im Prinzip ist das sicher erste Sahne, aber so funktioniert das nie. Das können Sie mir glauben.
- Damit sollte sich erst einmal eine Projektgruppe beschäftigen.

Möglicherweise lassen sich diese Kontrapositionen damit begründen, dass sich der Kontrahent nicht in geistige Unkosten stürzen will. Zumeist ist jedoch ein anderer Aspekt für die Ablehnung ausschlaggebend:

Noch nie in der Menschheitsgeschichte vollzogen sich Wandel und Umgestaltung so rasant wie heute. Früher wurden lange Phasen der Stabilität und Kontinuität eher selten von Veränderungen unterbrochen. Heute – und künftig noch stärker – ist die Veränderung fast Normalität geworden. Die vielen Veränderungen können Gefühle wie Unsicherheit, Entwurzelung und Verunsicherung erzeugen. Aufkommende Ängste verstärken das Beharrungsvermögen, man verhält sich dem Neuen gegenüber skeptisch bis ablehnend und bevorzugt trotz möglicher Schwächen und Nachteile das Bisherige. Das Nicht-Reflektieren-Wollen über neue Ideen und Entwicklungsmöglichkeiten gipfelt in dem Sinnen und Trachten, sich mit Händen und Füßen zu wehren und Veränderungsprozesse mit allen Mitteln zu torpedieren.

Sind Sie der Initiator einer Veränderung, dürfen Sie nicht erstaunt sein, wenn sich die Abwehrreaktionen der von der Änderung Betroffenen auf Sie bündeln und Sie ins Kreuzfeuer Ihrer Mitmenschen geraten.

So reagieren Sie

Sie lassen sich durch Killerphrasen weder zur Weißglut bringen noch mundtot machen, aus dem Konzept bringen oder vom Thema ablenken. Dennoch sollten Sie auf Killerphrasen reagieren und sie unschädlich machen, denn sie kommen sonst nur immer wieder und zunehmend stärker zurück, wodurch sie im Laufe der Zeit zum kreativen Super-GAU mutieren. Da Killerphrasen subjektive Bewertungen ohne substanzielle Begründungen darstellen, sind sie für eine zielführende Diskussion oder ein fruchtbares Gespräch ungeeignet. Auch können sie als Angriffe gewertet werden, die das Diskussionsklima verschlechtern. Sie selbst streichen Killerphrasen künftig aus Ihrem Wortschatz und liefern dafür Sachinformationen.

Bei Ihrer Reaktion auf Killerphrasen sollten Sie einen Gesichtspunkt nicht übersehen: Entlarven Sie einen Beitrag lediglich als Killerphrase, verliert der Killer sein Gesicht. Wenn er jetzt um seine Ehre zu kämpfen beginnt, verringert sich seine Aufnahmebereitschaft für sachliche Informationen und die Chance sinkt, auf einen gemeinsamen Nenner zu kommen. Führen Sie das Gespräch besser auf die Sachebene zurück, indem Sie die Killerphrase mit einer Gegenfrage oder einem Gegenargument umgehend aushebeln, zum Beispiel:

- „Herr X, Sie fürchten, dass große Probleme auf uns zukommen. Welche könnten das sein?"
- „Sie sagen, das geht doch überhaupt nicht. An welchen Stellen vermuten Sie konkret Widerstände? Wen haben Sie als Bremser ausgemacht?"
- „Sie meinen, das müsste man völlig anders sehen. Welche konkreten und sofort umsetzbaren Vorschläge können Sie uns nennen?"
- „Ihre Mitarbeiter lehnen die Änderungsvorschläge ab. Was sind deren wichtigsten Einwände und Kritikpunkte?"
- „Haben Sie neben dieser Killerphrase noch weitere begründete Argumente gegen diesen Vorschlag? Woran denken Sie konkret?"
- „Tradition ist gut, Fortschritt ist besser – ein Grundsatz, der heute mehr denn je gilt. Sind Sie da anderer Meinung?"
- „Wer überholen will, muss die Spur wechseln."
- „Ohne Abweichung von der Norm ist Fortschritt nicht möglich. Fortschritt ist immer ein Schritt fort von dem Bisherigen. Und vor diesem Schritt sollten wir keine Bedenken haben."
- „Was spricht dagegen, etwas Neues auszuprobieren? Falls Sie sich dabei wohler fühlen, könnten wir die Neuerung zunächst probeweise für zwei Wochen einführen. Überzeugt sie uns, wird sie offiziell eingeführt."
- „Schieben wir Bedenken beiseite und werden wir aktiv, denn nur wer sich in Bewegung setzt, kann etwas bewegen."
- „Habe ich Sie richtig verstanden? Nur weil wir es immer so gemacht haben, soll es ewig so weitergehen? Sind Ihnen die Begriffe ‚Innovation' und ‚Fortschritt' tatsächlich derart suspekt?"
- „Ich fürchte, mit dieser allgemeinen Aussage machen Sie es sich zu leicht.

Denken Sie etwa ‚Nach mir die Sintflut' und fühlen Sie sich deshalb für die Wettbewerbsfähigkeit unseres Unternehmens nicht verantwortlich?"

- „Es liegt in unserem Interesse, künftige Veränderungen nicht in Bausch und Bogen abzulehnen. Ist es da nicht günstiger, uns frühzeitig in den Veränderungsprozess einzubringen, um praktikable Lösungen zu erreichen, mit denen wir gut leben können?"
- „Killerphrasen bringen uns nicht weiter. Welche sachlichen Argumente haben Sie gegen das angedachte Konzept?"
- „Ich sehe eine Gefahr: Wer nichts verändern will, wird auch das verlieren, was er bewahren möchte. Versuchen wir, das für uns Beste daraus zu machen, indem wir versuchen, mit unserem Know-how den Veränderungsprozess zu begleiten und mit unserer Interessenlage zu verbinden."
- „Lassen Sie uns doch beim Thema bleiben. Welche Vorteile weist der Plan gegenüber der bisherigen Vorgehensweise auf?"
- „Niemand kann sich neuen Erkenntnissen verschließen. Eine veränderte Informationsbasis muss dazu führen, frühere Entscheidungen zu überdenken und den aktuellen und künftigen Gegebenheiten anzupassen."
- „Wenn wir es immer schon so gemacht haben, wird es jetzt allerhöchste Zeit, eine Veränderung vorzunehmen. Verpassen wir diese Chance, dürfen wir uns nicht wundern, wenn über kurz oder lang unsere Arbeitsplätze gefährdet sind."
- „Mit den Methoden von vorgestern und gestern die Schwierigkeiten der Zukunft lösen wollen – wie soll das wohl funktionieren? Können Sie mir das plausibel erklären?"

Sie können auch mit Sprüchen reagieren, die bereits die Pinnwände vieler Arbeitsräume zieren:

Nichts ist so beständig wie der Wandel.

Nichts ist so gut, dass man es nicht besser machen kann.

Es ist nicht gesagt, dass es besser wird, wenn es anders wird.
Aber wenn es besser werden soll, muss es anders werden.

Wer nicht ständig besser wird, hört bald auf, gut zu sein.

Wer heute nichts tut, lebt morgen wie gestern.

Sowohl die bisher aufgeführten wie auch die folgenden Killerphrasen, Miesmacher und Ideenzerstörer laden Sie ein, in Ruhe Ihre Abwehrreaktionen zu überlegen. Nachdem Sie die bisherigen Hintergrundinformationen und Musterreaktionen dieses Ratgebers gelesen haben, wird Ihnen diese Aufgabe kaum noch Mühen bereiten. Auf geht's!

Achtung: Killerphrasen, Miesmacher, Ideenzerstörer

- Und das glauben Sie wirklich?
- Grundsätzlich haben Sie ja Recht, aber ...
- Technisch ist das nicht machbar.
- Können wir vergessen, da spielen die Mitarbeiter/die Kunden nicht mit.
- Wir würden uns finanziell völlig überheben.
- Sie schätzen die Situation völlig falsch ein.
- Diese olle Kamelle wird nun schon wieder aus der Versenkung geholt.
- Weshalb denn so eilig?
- Sie schon wieder mit Ihren eigenwilligen Vorschlägen.
- In unserer Branche ist es nicht durchführbar.
- Die denken, wir haben die Bodenhaftung verloren.
- Das kann doch nicht ernst gemeint sein.
- Das ist doch reine Zeitverschwendung.
- Alles Quatsch!
- Das können Sie heute niemandem mehr erzählen.
- Und wer soll die ganze Arbeit machen?
- Da kommen wir um Lichtjahre zu spät.
- Das bringt doch überhaupt nichts.
- Unsere Firma ist für so etwas viel zu klein.
- Das wäre vielleicht in einer kleinen Firma möglich, bei uns ist es aber hoffnungslos.
- Das kann ich mir überhaupt nicht vorstellen.
- Warten wir lieber erst die Entwicklung ab.
- Dazu sind wir jetzt noch nicht in der Lage.
- Das passt nicht zu unserem Image.
- Das finde ich höchst gefährlich, ich kann nur warnen.
- Unsere Firma taugt nicht als Ihr Versuchsfeld.
- Der Drops ist doch schon längst gelutscht.

Verbalattacke Nr. 37

Mir ist nicht bekannt, auf wessen Gehaltsliste Sie noch stehen, aber seltsam ist es doch ...

Glauben Sie tatsächlich, dass Sie sich als bisheriger Führungsspieler noch intensiv für Ihren jetzigen Verein einsetzen, wo doch bekannt ist, dass Sie in vier Monaten den Verein wechseln?

Was steckt dahinter?

Unbestritten ist Vertrauen der Schlüssel für eine gedeihliche Zusammenarbeit. Gelingt es Ihrem Kontrahenten, Zweifel hinsichtlich Ihrer Anständigkeit und Ihrer Glaubwürdigkeit zu säen, gerät das Vertrauen, das man in Sie setzt, ins Wanken. Nach der anfänglichen Enttäuschung („Das hätte ich ihm nun wirklich nicht zugetraut“) macht sich allmählich Misstrauen breit, sodass Ihre Handlungen und Aussagen kritisch, skeptisch und schließlich sogar ablehnend zur Kenntnis genommen werden. Ihre persönliche Integrität und Reputation bekommen erste Kratzer.

Hierauf spekuliert Ihr Kontrahent. Er verfügt über keine eindeutigen Fakten, mit denen ein Angriff vorgetragen werden könnte. Demzufolge wäre es gefährlich, etwas zu behaupten, denn für diese Aussage müsste Ihr Kontrahent Beweise antreten. Also liegt es nahe, Zweifel und Misstrauen zu säen. Dies kann vorzüglich gelingen, wenn statt Behauptungen Fragen gestellt werden.

So reagieren Sie

Die vom Kontrahenten verwendete schmutzige Methode darf nicht ungeahndet bleiben. Lässt Ihre Gegenwehr auf sich warten, schlagen sich unbeteiligte Dritte auf die Seite Ihres Gegners, weil die fehlende Reaktion als Eingeständnis Ihrer schwachen Position gewertet wird. Zeigen Sie deshalb weder Nerven noch Zurückhaltung, sondern reagieren sie mit (gespielter) Entrüstung:

- „Das schlägt dem Fass den Boden aus! Sie unterstellen mir mit dem aus der Luft gegriffenen Hinweis auf weitere Gehaltslisten mafiose Verhaltensweisen. Legen Sie jetzt Ihre Karten auf den Tisch, um Ihre Anspielung zu untermauern. Können Sie das nicht, fallen Sie als seriöser Gesprächspartner aus."

- „Ich finde Ihre Frage schon seltsam und sogar unpassend. Ich bin durch und durch Profi und erfülle bis zum letzten Tag meinen Arbeitsvertrag. Dazu zählt selbstverständlich Loyalität und Leistung bis zum Ende des Vertrags. Machen Sie sich also keine Sorgen um Dinge, die für mich selbstverständlich sind. Würden Sie etwa mit Illoyalität und Leistungszurückhaltung an meiner Stelle aufwarten?"
- „Ich habe Sie leider nicht richtig verstanden. Was wollen Sie mir mit dieser unsachlichen Andeutung konkret mitteilen?"

Verbalattacke Nr. 38

Sie wollen mich doch nicht als kleinlich oder altmodisch bezeichnen, wenn ich behaupte, dass die seit Jahrzehnten bestens bewährte Methode auch künftig angewendet werden soll?

Was steckt dahinter?

Er trägt vor seinem Kopf die Bretter, die ihm die Welt bedeuten. Änderungen sind unerwünscht, denn er möchte sich am liebsten bis zum Renteneintritt dem liebgewonnenen, überschaubaren alltäglichen Trott unterwerfen. Ja keine Experimente! Damit seine „heile Welt" erhalten bleibt und nicht durch neue Methoden gestört wird, bringt der Kontrahent seine Person mit ins Spiel. Damit macht er es uns schwerer, Kritik zu üben.

So reagieren Sie

- „Oh, die Attribute kleinlich und altmodisch treffen auf Sie nicht zu. Im Gegenteil. Ich habe Sie bisher als erfahren, gewissenhaft, offen und sehr kompetent erlebt. Von daher wünsche ich mir, dass Sie sich dieser Methode nicht verschließen. Welche Punkte könnten für uns Verbesserungen bewirken?"
- „Dass Sie in eingefahrenen Gleisen denken, ist mir neu. Ich rechne mit Ihrer Fairness und bin sicher, dass Sie effektiveren Methoden eine Chance geben."
- „Das Bessere ist der Feind des Guten. Geben wir der vorgesehenen Möglichkeit eine Chance, indem wir zunächst einen Probelauf für die Dauer von einem Monat vorsehen. Das ist doch für Sie okay?"
- „Sie stehen als Person außen vor. Ich kann Ihre Aussage aber nicht so recht nachvollziehen. Sie sind doch in anderen Bereichen durchaus für Neues zu haben. Benutzen Sie noch ein Radiogerät aus den 1920er-Jahren oder haben Sie sich zwischenzeitlich etwas Moderneres zugelegt? Und haben Sie sich nicht schnell mit den Vorzügen eines Navis angefreundet?"
- „Glauben Sie, Bill Gates wäre mit Ihrer Einstellung einer der reichsten Männer geworden?"

Verbalattacke Nr. 39

Mir ging es zuerst wie Ihnen. Ich war sehr skeptisch, ob es klappen würde. Aber dann wurde mir klar, dass meine Vorurteile mich einengten. Einmal probieren genügte, um meine Meinung zu ändern.

Was steckt dahinter?

Ihr Gesprächspartner spricht von sich und meint Sie. Damit lassen sich Dinge sagen, die man Ihnen nicht sagen kann, ohne Widerspruch zu erzeugen. Wer wäre schon erbaut über die Bemerkung: „Sie haben Vorurteile"? Indem von einem – eventuell konstruierten – Beispiel berichtet wird, kommt es nicht zu einer persönlichen Missstimmung. Der Wink mit dem Zaunpfahl soll Ihnen das Einlenken erleichtern, zumal er Ihnen die Möglichkeit der Selbstbestätigung eröffnet: „So abwegig war meine Meinung nicht – mit meiner Auffassung war ich nicht allein."

So reagieren Sie

- „Erfahrungen sind Maßarbeit. Sie passen nur dem, der sie macht. Sie gestatten, dass ich weiterhin skeptisch bin und selbst meine Erfahrungen machen möchte. Deshalb sollten wir untersuchen, ob …"
- „Gratulation, dass Sie nun auf dem Pfad der Wahrheit wandeln. Ich für meinen Teil glaube nicht, dass ich meine Meinung nach nur einem Versuch ändern werde. Lassen Sie uns bei dem Punkt … fortfahren."
- „Bitte akzeptieren Sie, dass man Erfahrungen nicht verordnen kann. Ich bin bei ‚Zwangsbeglückungen' stets sehr zurückhaltend. Erlauben Sie also …"

Verbalattacke Nr. 40

Nun wird es Zeit, unser Gespräch zu beenden. Dank Ihrer aktiven und sehr kompetenten Mitarbeit erzielten wir erfreuliche Übereinstimmungen, die sich sehen lassen können. Lassen Sie mich das Erreichte zusammenfassen ...

Was steckt dahinter?

In dieser Aussage schwingt vielleicht die Freude über die guten Gesprächsergebnisse mit. Wird auch Ihrerseits Genugtuung über das Erreichte empfunden, erlahmt möglicherweise Ihre Aufmerksamkeit. Sie bemerken nicht, dass die vermeintlich sachgetreue Zusammenfassung einige Entstellungen, Auslassungen oder Verfälschungen enthält.

Die verwendete Streicheleinheit fördert zudem Ihre Hochstimmung und verleitet Sie, eher oberflächlich den Worten Ihres Kontrahenten zu folgen.

So reagieren Sie

Bei längeren Gesprächen bleiben Sie bis zum Schluss hellwach und achten darauf, dass die erzielten Ergebnisse eins zu eins dargestellt werden. Sie lassen es nicht durchgehen, wenn etwas weggelassen oder hinzugefügt wird oder zweideutige/unklare Formulierungen gewählt werden:

- „Ich merke schon, Sie haben sich intensiv in unser Gespräch eingebracht, sodass jetzt ein exaktes Formulieren auf der Strecke bleibt. Ich meine, bezüglich der Lieferfristen waren wir uns einig ..."
- „Ihre Zusammenfassung entspricht nicht ganz unseren Vereinbarungen. Beim Punkt ... haben wir uns geeinigt auf ..."
- „Die in meiner Erinnerung gebliebenen Ergebnisse stimmen in mehreren Punkten nicht mit Ihrer Zusammenfassung überein. Gestatten Sie, dass ich noch einmal unmissverständlich das Resümee ziehe. Zwischen uns besteht Konsens, dass wir ..."
- „Ihre Formulierung ... lässt unterschiedliche Interpretationen zu. Das sollten wir ganz konkret fassen, um uns spätere Auslegungsprobleme und Ärger zu ersparen."

Verbalattacke Nr. 41

Das hat aber gedauert. Dieses ewige Warten bringt mich noch zur Raserei. Ich wundere mich, dass erst jetzt die Ergebnisse vorliegen. Können Sie mir das erklären?

Was steckt dahinter?

Hier soll vermutlich eine Machtposition ausgespielt werden, indem in herablassender Weise der Gesprächspartner zu schnellerem Arbeiten gedrängt und verunsichert werden soll. Erwartet wird bei dieser massiven Kritik, dass der Angesprochene devot einknickt und „kleine Brötchen backt".

So reagieren Sie

Beginnen Sie sogleich, mit belegter Stimme Rechtfertigungen für die gerügte lange Bearbeitungsdauer vorzutragen, haben Sie bereits verloren. Denn Sie lassen sich in die schwache Position des Verteidigers drängen. Sie reagieren nur noch, statt zu agieren. Besser wäre:

- „Ich versichere Ihnen, schneller ging es nicht. Seit wann hat die Schnelligkeit etwas mit der Qualität der Ergebnisse zu tun? Künftig können wir Ergebnisse wunschgemäß früher abliefern, dann tragen Sie aber die Verantwortung dafür, wenn dabei schwache oder fehlerhafte Ergebnisse herauskommen. Ist Ihnen damit mehr geholfen?"
- „Der Zeitdruck ist einer der größten Stressoren unserer Zeit. Sie machen mir und auch sich selbst Druck. Ob das auf Dauer Ihrer Gesundheit gut tut?"
- „Ich kann verstehen, dass Sie unter Druck stehen. Müssen Sie ihn aber unbedingt an mich weitergeben? Ich tue, was ich kann, hexen kann ich leider nicht."
- „Was ist Ihnen lieber: Eine Uhr, die schnell geht, oder eine Uhr, die richtig geht?"
- „Ich weiß, Geduld ist nicht jedermanns Stärke. Aber wäre es Ihnen wirklich lieber, wenn ich einen unausgegorenen Schnellschuss abliefere?"

- „Sind Sie einverstanden, dass ich Unmögliches sofort erledige? Wunder dauern natürlich länger, weil die in die Kompetenz einer höheren Instanz fallen."
- „Ich halte es mit der Devise: Lieber etwas länger und sorgfältig, als schnell und fehleranfällig."
- „Ich habe den Ehrgeiz, ordentliche Arbeit zu leisten, weil uns dies längerfristig Zeit spart. Denn je höher der Druck ist, umso mehr Fehler schleichen sich ein, die später mit viel Zeit repariert werden müssen."

Verbalattacke Nr. 42

Ich habe mit dem Bewerber selbst ausführlich gesprochen und kann daher sagen, dass er unseren Vorstellungen nicht entspricht. Wer ihn trotzdem einstellen will, handelt unverantwortlich.

Was steckt dahinter?

Ohne fundierte Begründung wird eine Meinung als Tatsache formuliert. Der Kontrahent hängt die eigene Person an seine Aussage, sodass die Äußerung schwerer wiegt. Denn mit der Ablehnung seiner Äußerung geht gleichzeitig eine Abwertung oder Ablehnung der Person einher. Mit diesem Trick wird die Freiheit der Diskussion eingeschränkt, weil persönliche Tabus ins Spiel kommen. Mit der Aussage „handelt unverantwortlich" sollen Widerworte bereits im Keim erstickt werden.

So reagieren Sie

Besitzt der Redende hierarchische Autorität („Amtsautorität"), ist ein diplomatisches Vorgehen angesagt. Zweckmäßig ist eine Entflechtung von Person und Sache, wobei wir nur die Sache ansprechen.

- „Auf welche Fakten stützen Sie die Ablehnung dieses Bewerbers?"
- „Ich wüsste gern, in welchen Punkten dieser Bewerber unserem Anforderungsprofil nicht entsprach."
- „Welche Punkte oder Fehler waren so gravierend, dass Sie diesem Bewerber mit Skepsis gegenüberstehen?"
- „Okay, Ihre Auffassung nehme ich zur Kenntnis. Aber was meinen Sie ganz konkret? Was ist der wahre Grund Ihrer Aussage?"
- „An Ihrer Souveränität und Urteilskraft zweifelt niemand. Dennoch kann es nicht schaden, wenn Sie uns Ihre Argumente nennen, damit wir davon profitieren können."

Verbalattacke Nr. 43

Nach Einführung des von Ihnen hochgelobten Artikels haben wir mehrere A-Kunden verloren. Jetzt wissen wir ja, wem wir das zu verdanken haben.

Hätten wir nur nicht auf Sie gehört! Jetzt haben wir den Salat. Nun müssen sogar Unbeteiligte die von Ihnen eingebrockte Suppe auslöffeln.

Was steckt dahinter?

Die Zielrichtung Ihres Kontrahenten ist eindeutig: Ihnen soll der schwarze Peter für einen Misserfolg in die Schuhe geschoben werden. Wurden Sie als Sündenbock dingfest gemacht, kann das auch bestens von eigenem Versagen/Fehlverhalten des Kontrahenten ablenken.

Oft ist es unbequem und zeitraubend, vielfach auch gar nicht mehr möglich, nach den wahren Ursachen zu forschen. Und würde man sie finden, könnte sich herausstellen, dass eine Vielzahl von Bedingungen zusammentreffen musste, um ein bestimmtes Ergebnis zur Folge zu haben. Da ist es einfacher, sich eine vermutete oder wahrscheinliche ausschlaggebende „Ursache" herauszusuchen. Die ausgewählte „Ursache" muss lediglich eine Bedingung erfüllen: Sie muss zeitlich vor der behaupteten Wirkung liegen.

Unfaire Zeitgenossen lassen auch diese Bedingung unbeachtet, wenn seit der „Ursache" einige Zeit verstrichen ist und das Vergessen ein exaktes Erinnern verhindert. Dann wird Ihnen schlitzohrig ein angebliches Fehlverhalten unterstellt, obwohl dieses zeitlich bereits vor der genannten „Ursache" lag.

So reagieren Sie

- „Können Sie beweisen, dass einzig und allein der von mir empfohlene Artikel dafür ausschlaggebend war, dass uns mehrere Abnehmer die Treue aufgekündigt haben?"
- „Würde ich Ihrer Argumentation folgen, müsste ich umgekehrt alle neuen Kunden als Erfolg auf meiner Seite verbuchen."

- „Herr X, Sie sollten besser nicht so unqualifiziert gegen mich vom Leder ziehen. Wenn Sie mich zum Buhmann machen wollen, dann nennen Sie erst einmal solide und nachprüfbare Fakten und Beweise. Was haben Sie denn ganz genau gegen mich vorzubringen?“
- „Alle Achtung, jetzt haben Sie ja einen Sündenbock gefunden. Nun brauchen Sie sich keine Mühe zu machen, nach den wahren Gründen für den Misserfolg zu suchen und hieraus für die Zukunft Lehren zu ziehen. So sind die echten Fehler nicht erkannt, sodass künftige Misserfolge nicht auszuschließen sind. Ich empfehle dringend, sich auch weitere Ursachen anzusehen. Dabei denke ich an …“
- „Was versprechen Sie sich davon, auf eine objektive Ursachenklärung zu verzichten und dafür lieber mir die Schuld in die Schuhe zu schieben?“
- „Ihr Langzeitgedächtnis spielt Ihnen einen Streich und hat den korrekten zeitlichen Ablauf nicht mehr parat. Tatsächlich wurde der Artikel am … eingeführt. Zu dieser Zeit hatten bereits mehrere gute Kunden die Zusammenarbeit mit uns abgebrochen. Ich bitte Sie, bei der Wahrheit zu bleiben.“
- „Sie sollten die Tatsachen kennen, bevor Sie damit beginnen, sie zu verdrehen. Tatsächlich wurde …“
- „Da frage ich mich: Haben Sie damals nicht mitgedacht, sondern dumpf alles nur abgenickt? Vermutlich waren Sie aber aktiv involviert, sodass Sie sich jetzt vor die eigene Brust schlagen sollten. Statt ein großes Wehgeschrei anzustimmen, sollten wir jetzt gemeinsam überlegen …“

Verbalattacke Nr. 44

Ich gebe Ihnen mein Ehrenwort, dass...

Dass ich keine unlauteren Absichten verfolge, mögen Sie daran erkennen, dass ich mit allem, was mir heilig ist, dafür einstehe und jeden Schwur leiste ...

Was steckt dahinter?

Mit einem Ehrenwort wird eine Aussage feierlich bekräftigt. Der Akteur steht mit seiner Ehre, das heißt der Gesamtheit seiner Person, für die Richtigkeit seiner Aussage ein. Es wird erwartet, dass das von einem Ehrenmann gegebene Ehrenwort widerstandslos akzeptiert wird und keine bohrenden Fragen gestellt werden. Bezweifelt jemand dennoch die unter Ehrenwort gegebene Aussage, kann dies als Affront oder Beleidigung gewertet werden. Somit hat ein Skeptiker nur die Wahl, der Aussage zuzustimmen oder den Ehrenwortgeber zu beleidigen.

Diesen Sachverhalt machen sich auch Personen zunutze, auf die die Bezeichnung Ehrenmann wahrlich nicht zutrifft. Sie setzen die Ehrenwort-Taktik ein, wenn bisher vorgetragene Argumente nicht die gewünschte Wirkung erzielten oder es an weiteren guten Argumenten mangelt. Hier soll das vorgegaukelte Ehrenwort zur Zustimmung motivieren.

So reagieren Sie

- „Ich möchte Ihnen nicht zu nahe treten. Doch aus mehreren Beispielen aus Politik und Sport weiß ich, dass einem Ehrenwort heute keine gravierende Bedeutung mehr beigemessen wird. Beschäftigen wir uns besser mit Fakten. Wie sieht es mit ... aus?“
- „Hier geht es doch nicht um Sein oder Nichtsein. Hier geht es doch nur um eine einfache Frage. Ich glaube, mit wirkungsvollen Argumenten ist uns eine Problemlösung möglich. Überlegen wir also, wie wir ...“
- „Jetzt fahren Sie aber ein schweres Geschütz auf. Es fehlt nur noch ein Gottesurteil oder eine Einladung zum Duell. Lassen Sie uns besser die Realität betrachten: Wie kam es ...?“

Verbalattacke Nr. 45

Lassen Sie sich diese Unverschämtheit etwa bieten?

Dass Sie so ruhig bleiben, wundert mich sehr. Sind Sie sich Ihrer Sache nicht sicher?

Was steckt dahinter?

Sie sollen aus der Reserve gelockt werden und eine vom Kontrahenten gewünschte Reaktion zeigen. Mit anderen Worten: Er will Sie als Werkzeug nutzen und sich die Finger nicht selbst schmutzig machen. Indem er Sie auf eine andere Person hetzt, hofft er auf die Lebensweisheit: „Wenn sich zwei streiten, freut sich der Dritte."

So reagieren Sie

- „Seien Sie sicher, ich werde schon die richtige Antwort finden."
- „Gewiss hat Herr X etwas überzogen. Ich überlege mir in Ruhe, ob und wie ich hierauf reagiere."
- „Ich sehe das nicht so dramatisch. Zwar mag diese Äußerung etwas drastisch sein, dennoch steckt ein interessanter Kern darin ..."
- „Hegen Sie etwa die Hoffnung, dass ich für Sie die Kartoffeln aus dem Feuer hole? Sagen Sie Herrn X doch selbst, was Sie bedrückt. Ich für meinen Teil bin da ganz locker."
- „Lassen Sie das ruhig meine Sorge sein. Ich weiß schon, was ich tue."

Verbalattacke Nr. 46

Ob diese Regelung allerdings morgen noch gilt oder die verschärften Forderungen erfüllt werden müssen, ist ungewiss.

Haben Sie den guten Zustand des Wagens bemerkt? Und der angegebene Preis liegt so niedrig, dass ich meine Kalkulation noch einmal überprüfen sollte. Kein Wunder, dass morgen ein ernsthafter Interessent vorbeikommen will. Der Wagen ist schon so gut wie verkauft.

In wenigen Tagen, vielleicht schon heute, wird diese Uhr bei dem günstigen Preis verkauft sein. Wir hatten von diesem nicht mehr produzierten Modell fünf Stück geordert, sie gehen weg wie die warmen Semmeln, dies ist das letzte Exemplar.

Was steckt dahinter?

Ökonomen wissen, dass der Wert von Gütern steigt, wenn sie knapp sind oder für knapp gehalten werden. Wollen wir jemandem etwas nicht geben, es vor ihm zurückhalten, so weckt dieses Verhalten Interesse und Neugier. Die Vorstellung, es könnte einem etwas entgehen oder man könne unnötig einen Nachteil erleiden, verstärkt den natürlichen Egoismus und lässt uns für Beeinflussungsversuche empfänglich werden. Zusätzliche Wirkung soll mit der eingebauten Druckkulisse Eilbedürftigkeit bewirkt werden. Im Verkaufsbereich lassen sich viele Kunden mit dieser als „Nachteil-Methode“ bekannten Manipulationstechnik beeindrucken und zu einem Kauf bewegen.

So reagieren Sie

Verdrängen Sie den Wunsch auf einen schnellen Abschluss, auf dass Ihnen nichts „durch die Lappen geht“. Analysieren Sie, ob die Welt untergeht, wenn Sie ein zeitlich begrenztes Angebot nicht annehmen. Möglicherweise entbehrt die vorgeschobene Eile Ihres Gegenübers jeglicher Grundlage und soll nur dazu dienen, Ihre Urteilskraft einzuschränken.

- „Ich möchte meine Entscheidung nicht unter Zeitdruck treffen."
- „Erfahrungsgemäß führen Lösungen, die mit heißer Nadel gestrickt werden, später zu Differenzen, Reklamationen und Auseinandersetzungen. Das sollten wir uns ersparen. Die preislichen Konditionen erschweren mir eine Entscheidung. Und hier bitte ich Sie ..."
- „Bevor ich etwas übers Knie breche, verzichte ich lieber auf einen Kauf. Jetzt interessiert mich besonders ...".

Verbalattacke Nr. 47

Ohne Zweifel müssen wir davon ausgehen, dass ...

Das sind doch alles Gerüchte. Wer informiert ist, dem ist doch bekannt, dass ...

Jetzt wird es Zeit, Ihnen einmal reinen Wein einzuschenken ...

Wenn eines gewiss ist, dann ...

Der gesunde Menschenverstand sagt doch ...

Was steckt dahinter?

Es soll darüber hinweggetäuscht werden, dass dem Kontrahenten zum Thema keine beweisbaren Fakten vorliegen. Stünden ihm diese zur Verfügung, wäre wohl zu hören: „Folgende Tatsachen sprechen für …“ Indem der Kontrahent aber Vermutungen, Nebulöses oder Latrinenparolen als erwiesene Fakten ausgibt, betreibt er Hochstapelei!

So reagieren Sie

Bringen Sie Ihr Gegenüber durch Fragen wieder in die reale Welt zurück. Da er etwas behauptet hat, muss er jetzt Beweise bringen. Ist er damit überfordert, verliert er sogleich an Boden und blamiert sich vor weiteren Anwesenden.

- „Vermutlich sind Sie bei Ihrer Recherche auf eindeutige Fakten gestoßen, die ich gern hören möchte. Bitte tun Sie mir den Gefallen …“
- „Aus welchen Quellen stammen Ihre Informationen?“
- „Welche Punkte sollen unsere Zweifel ausräumen?“
- „Würden Sie bitte die Tatsachen einzeln darlegen?“
- „Bitte erläutern Sie uns Ihre Informationen genauer, wenn wir sie zur Grundlage unserer Entscheidung nehmen sollen.“

- „Können wir die genannte Informationsquelle als unbestreitbar seriös betrachten?“
- „Bei diesen dünnen Fakten scheint mir der Menschenverstand nicht besonders gesund zu sein. Halten Sie sich mit Ihren guten Argumenten etwa noch zurück?“
- „Ich verfüge über entgegengesetzte Erkenntnisse und zwar ... Wie soll ich unter diesen Umständen Ihre Information einordnen?“
- „Woher nehmen Sie die Sicherheit, dass Ihre wenig konkreten Aussagen den tatsächlichen Gegebenheiten entsprechen?“
- „Ihre Aussage überrascht mich, sodass ich sie zunächst überprüfen möchte. Bitte klären Sie mich mit eindeutigen Fakten auf.“

Verbalattacke Nr. 48

Ihr Vorschlag ist doch völlig unrealistisch. Das sind doch Idealvorstellungen, die mit der Wirklichkeit nichts zu tun haben. Es ist reine Zeitverschwendung, sich weiter damit zu beschäftigen.

Was steckt dahinter?

Sie äußerten eine neue oder ungewöhnliche Idee, die bisher nicht ausprobiert wurde. Was geschieht? Erweitert Ihr Kontrahent den Vorschlag, stärkt er ihn und merzt er mögliche Schwachstellen aus? Das ist eher die Ausnahme. Zumeist fällt er mit Einwänden über die Idee her und schlägt sie kurz und klein.

In obiger Äußerung verzichtet der Kontrahent sogar großzügig auf das Nennen seiner Einwände. Vielmehr reagiert er mit einer Killerphrase und freut sich anschließend klammheimlich über den erfolgreichen Meuchelmord an Ihrem Vorschlag. Wird dieses Verhalten nicht sanktioniert, fühlt er sich möglicherweise animiert, auch weitere Vorschläge gnadenlos zu zerhacken. Nachdem alle Ideen vom Tisch sind, kommt er vielleicht mit einer Routinelösung, die dann angenommen wird, um nicht mit leeren Händen dazustehen.

So reagieren Sie

Grundsätzlich sind neue Ideen Rohstoffmaterial, das noch bearbeitet und verfeinert werden muss. Ihnen sollte deshalb ein Etikett angehaftet werden: „Grundidee! Vorschlag! Entwurf! Bitte verbessern!!!“ Als Geburtshelfer sorgen Sie dafür, dass die Idee nicht sogleich beerdigt wird:

- „Sie sehen momentan Probleme und Schwierigkeiten, die jedoch überwindbar sind. Sie wissen doch aus Ihrer Lebenserfahrung, dass Neues zunächst schwierig ist, bis es einfach wird.“
- „An welche Punkte denken Sie, wenn Sie den Vorschlag als völlig unrealistisch bezeichnen?“
- „Sie täuschen sich! Das ist ein absolut realistischer Vorschlag, dessen positive Begleiterscheinungen man erkennt, wenn man bereit ist, über den Tellerrand zu schauen und neue Erfahrungen zu sammeln.“

- „Aus welchen Vermutungen schließen Sie, dass der Vorschlag scheitern könnte?“
- „Es fällt uns nicht schwer, Schwachstellen an einem Vorschlag zu finden. Wir sollten uns besser angewöhnen, die Pluspunkte zu erkennen. Welche positiven Punkte weist dieser Vorschlag auf?“
- „Nennen Sie bitte stichhaltige Gründe für Ihre ablehnende Haltung.“
- „Es ist bei einer neuen Idee unfair, zunächst nur nach negativen Aspekten zu fahnden. Konzentrieren wir uns vielmehr darauf, wie wir den Vorschlag mit Leben füllen können.“
- „Ich merke schon, Sie schütteln über jeder Suppe so lange den Kopf, bis Sie ein Haar darin finden.“
- „Ich will nicht wissen, was nicht geht – ich möchte von Ihnen hören, was geht!“
- „Haben Sie einen realistischen Vorschlag, an dem beim besten Willen nichts auszusetzen ist?“
- „Betrachten Sie diesen Vorschlag doch als persönliche Herausforderung, in die Sie Ihr großes Potenzial mit Erfolg einbringen können.“
- „Ich bin nicht damit einverstanden, dass Sie mit wenig überzeugenden Beiträgen alles abqualifizieren. Auch bin ich skeptisch, ob Sie den Stein des Weisen gefunden haben.“
- „Gehören Sie etwa auch zu den Menschen, die eine Idee solange für realistisch halten, bis sie erfahren, von wem sie stammt?“
- „‚*Ideale sind wie Sterne. Man kann sie nicht erreichen, aber man kann sich an ihnen orientieren.*‘ (Carl Schurz) Sehen Sie das auch so?“
- „Sie outen sich als Pessimist. Nach Theodor Heuss ist das der einzige Mist, auf dem nichts wächst. Wie wäre es, optimistisch an den Vorschlag heranzugehen und seine Vorzüge hervorzuheben?“
- „‚*Um klar zu sehen, genügt oft ein Wechsel der Blickrichtung.*‘ (Antoine de Saint-Exupery) Ich bitte Sie um den Wechsel Ihrer Blickrichtung. Dann werden Sie erkennen …“
- „Sie dürfen Ihre Aussage bringen, denn sie ist von der Meinungsfreiheit gedeckt. Jeder darf seine Meinung äußern, auch wenn er keine hat.“

Verbalattacke Nr. 49

Müssen Sie immer das letzte Wort haben?

Was steckt dahinter?

Entweder will Ihr Gegenüber Sie aus dem Konzept bringen oder Sie sollen bewegt werden, den Rückwärtsgang einzulegen. „Oh, Entschuldigung, wenn ich mich in den Vordergrund gedrängt habe. Bitte, jetzt haben Sie das Wort."

Übrigens: Bei einer Rede ist der Schluss der wichtigste Redeteil. Die letzten Worte bleiben beim Zuhörer am längsten und intensivsten haften, weil sie nicht mehr von weiteren Informationen überdeckt werden. Auch in Diskussionsrunden ist es besonders vorteilhaft, einen gekonnten, einprägsamen und überzeugenden Schluss vorzutragen. Aus dieser Erkenntnis heraus ist der Wunsch zu verstehen, als letzter eine Stellungnahme abgeben zu können.

So reagieren Sie

- „Ich muss das nicht, das mache ich freiwillig."
- „Ich muss nicht das letzte Wort haben, aber woher soll ich wissen, dass Sie nichts mehr sagen?"
- „Besser das letzte Wort als gähnende Leere."
- „Einer muss doch Schluss machen, wenn das Thema abgehandelt ist."
- „Sie können es doch nicht mir anlasten, wenn Ihnen nichts mehr einfällt."
- „Legen Sie Wert auf das letzte Wort, wären Selbstgespräche besonders günstig."
- „Einer von uns beiden muss eben vorausschauend denken."
- „Der Mensch muss erst geboren werden, der mir den Mund verbietet. Schließlich leben wir in einem freien Land und sind darauf stolz, nicht wahr?"

Verbalattacke Nr. 50

Da ich keine Übereinstimmung in dem Punkt ... erkenne, sollten wir ihn erst einmal ausklammern und uns dem Thema ... zuwenden. Das ist für uns alle von wesentlich größerer Bedeutung.

Was steckt dahinter?

Ihr Kontrahent hat vermutlich erkannt, dass er Ihnen nicht ebenbürtig ist. Er sieht seine Felle davonschwimmen und will noch rechtzeitig mit heiler Haut aus der für ihn unvorteilhaften Situation fliehen.

So reagieren Sie

Mit dem Themenwechsel soll Ihr sich abzeichnender Erfolg zunichte gemacht werden. Ihren Vorteil möchten Sie aber weiter ausspielen:

- „Indem wir das Thema vertagen, wird es insgesamt nicht besser. Wir sind nun mitten in der Diskussion, lassen Sie uns den Punkt schnell zu Ende bringen. Dann fällt uns beiden ein Stein vom Herzen."
- „Das Thema schmeckt Ihnen offenbar nicht. Lassen Sie es uns abschließen, damit wir uns mit freiem Kopf mit dem nächsten Thema beschäftigen können."
- „Ihnen fällt es offenbar schwer, bei diesem Thema zu bleiben. Woran liegt das?"
- „Das Thema ist Ihnen offenbar unbequem, aber es hilft nichts, wir müssen es abschließend erörtern. Kommen wir auf den Punkt ... zurück."
- „Das Thema liegt mir sehr am Herzen. Deshalb möchte ich keinen Themenwechsel vornehmen, selbst wenn Sie das anders sehen. Sie wollen doch nicht etwa kneifen?"
- „Bei diesem Thema scheinen Sie Bauchschmerzen zu haben. Da es nicht unerledigt bleiben darf, hilft uns ein Verschieben auch nicht weiter. Sie wissen doch: Aufgeschoben ist nicht aufgehoben. Fragen wir deshalb ..."

Sehr schnell wird aus einem „Nicht jetzt" ein „Niemals".
MARTIN LUTHER

Verbalattacke Nr. 51

Ihren Vorschlag werden wir später in einem anderen Zusammenhang behandeln. Lassen Sie uns deshalb jetzt zu vernünftigen Vorschlägen kommen. Ich stelle mir vor ...

Was steckt dahinter?

Soll ein Vorschlag später diskutiert werden, besteht die Gefahr, dass er entweder „rein zufällig" vergessen wird oder zum Schluss nicht mehr genügend Zeit ist, sich mit ihm in angemessener Weise zu beschäftigen

Mit dem Hinweis auf „vernünftige Vorschläge" soll nicht nur Ihr Vorschlag, sondern zugleich Ihre Reputation beschädigt werden.

So reagieren Sie

Unabhängig vom Beweggrund Ihres Kontrahenten intervenieren Sie umgehend und vertreten Ihre Interessen:

- „Stopp, nicht so schnell! Mein Vorschlag passt genau in den augenblicklichen Zusammenhang, vor allem weil ..."
- „Es wäre unfair, Ihnen nicht genehme Vorschläge abzuwürgen. Auch bin ich skeptisch, ob Sie den Stein des Weisen gefunden haben."
- „Ich fürchte, mein Vorschlag passt nicht in Ihr Konzept. Dennoch hat er jetzt unsere ungeteilte Aufmerksamkeit verdient, weil insbesondere ..."
- „Sie meinen, mein Vorschlag sei nicht vernünftig? Er entspricht wohl nicht Ihren hohen Erwartungen. Bitte weihen Sie mich ein, was Sie an meinem Vorschlag auszusetzen haben. Wenn nichts Gravierendes anliegt, sollten wir uns mit seinen Vorzügen beschäftigen ..."
- „Ich möchte stets Nägel mit Köpfen machen. Das Hinausschieben auf die lange Bank, die ja des Teufels liebstes Möbelstück ist, erzeugt bei mir Unmut. Sprechen wir also jetzt über ..."
- „Ich vermute, Sie haben großen Respekt vor meiner vernünftigen Meinung, weswegen Sie den Vorschlag auf den Sankt-Nimmerleins-Tag verschieben wollen."

Verbalattacke Nr. 52

Wer hier seine Stimme verweigert, hat die Zeichen der Zeit nicht erkannt.

Was steckt dahinter?

Ihr Gegenüber formuliert seine Äußerung so, dass jeder, der ablehnen möchte, in einem negativen Bild als Reaktionär, Vorvorgestriger oder Hinterwäldler erscheinen soll.

So reagieren Sie

- „Es geht hier nicht um das Erkennen der Zeichen der Zeit – wie Sie das so schön emotional ausgedrückt haben. Vielmehr müssen wir …“
- „Ich warne davor, alles Bewährte/Gute zugunsten eines neuen/modischen Trends aufzugeben, der sich später möglicherweise als Eintagsfliege erweist. Lassen Sie uns insbesondere die Punkte … sorgfältig analysieren und danach eine Entscheidung treffen, die längerfristig von Bestand ist.“
- „Wer mich kennt, der weiß, dass ich mich nicht gern unter Druck setzen lasse.“
- „Ich erkenne sehr wohl die Zeichen der Zeit. Allerdings ist es ein Problem, sie in Ihrem Sinne zu entziffern, denn …“

Verbalattacke Nr. 53

Es liegt doch ganz in Ihrem Interesse, wenn Sie der Straßenverbreiterung zustimmen. Dann bekommen Sie einen neuen Zaun und dazu noch eine bessere Auffahrt.

Das Gerät hat einen geringen Energieverbrauch, auch ist die Bedienung selbst für Laien problemlos. Eine Wartung ist nur noch einmal jährlich erforderlich. Und sollte es doch einmal etwas haken, steht Ihnen unser Service rund um die Uhr zur Verfügung.

Was steckt dahinter?

Beachten Sie, dass jede Medaille eine Kehrseite besitzt. Ihnen werden nur die positiven Aspekte besonders deutlich genannt, während mögliche negative Begleiterscheinungen unterschlagen werden. Lassen Sie sich nicht von dieser auf die Person zugeschnittenen Argumentation blenden, um nicht später ein böses Erwachen zu erleben.

So reagieren Sie

Sie sollten Ihr Augenmerk darauf richten, ob die Ihnen schmackhaft gemachten Punkte tatsächlich wichtig sind und Ihrer Interessenlage entsprechen und welche bisher nicht genannten negativen Aspekte in Ihrem Fall in Betracht kommen könnten. Im Anschluss an diese Überlegungen werden Sie eher eine Entscheidung treffen können, die Sie später nicht bereuen und mit der Sie gut leben können.

- „Das ist Ihre Sicht der Dinge. Meine Überlegungen gehen in eine andere Richtung …“
- „Nun, ich kenne meine Interessenlage am besten. Ich habe sie Ihnen bereits geschildert und erwarte nun von Ihnen ein wesentliches Entgegenkommen …“
- „Dennoch möchte ich nicht auf den schönen Garten mit den herrlichen Rosen verzichten. Und wer kann mir schon die wunderschönen alten Bäume ersetzen? Was habe ich davon, wenn nach einer Straßenverbreite-

rung die Autos mit ihren schädlichen Abgasen ganz dicht an meinen Fenstern vorbeifahren können?"

- „Ich merke schon, dass Sie mir dieses Gerät schmackhaft machen wollen. Die Sache hat nur einen entscheidenden Haken: Ihre Argumente können nicht über die hohen Anschaffungskosten hinwegtäuschen. Da sollte ich wohl doch erst andere Angebote einholen. Oder Sie kommen mir beim Preis ein Stück entgegen."
- „Drängen Sie mir nur die Pluspunkte Ihres Angebots/Vorschlags auf, werde ich misstrauisch. Von Ihnen erwarte ich keine einseitigen Informationen. Ich treffe erst dann eine Entscheidung, wenn ich auch die negativen Aspekte kenne/bedacht habe."
- „Ihre einseitige Betrachtungsweise genügt mir nicht, denn jede Medaille hat zwei Seiten. Wollen Sie bei mir Vertrauen aufbauen, erwarte ich, dass Sie mir auch die Nachteile aufzeigen."

Verbalattacke Nr. 54

Sie werden doch wohl einen Spaß vertragen.

Ich wusste nicht, dass Sie eine Mimose sind.

Was steckt dahinter?

In einer Gesprächsrunde macht man sich über Sie lustig, wobei Sie nicht wissen, ob Sie lachen oder weinen sollen. Möglicherweise soll Ihnen eine als Spaß verpackte Anspielung oder kollegiale Frotzelei unter die Haut gehen und Ihr Selbstwertgefühl verletzen. Ihr Gegenüber hofft und geht im Grunde davon aus, dass Sie eine Gegenwehr unterlassen, denn schließlich ist es ja nur ein Spaß, über den Sie (zähneknirschend) lachen sollen.

So reagieren Sie

Jeder sollte gelegentlich auch über sich selbst lachen können und nicht immer alles bierernst nehmen. Macht man sich aber ständig über Sie lustig und nimmt man Sie nicht ernst, werden Sie nicht mehr als seriöser Gesprächspartner wahrgenommen.

Haben Sie den Mut, rechtzeitig als Spaßbremse aufzutreten, bevor Sie zur „Unperson" geworden sind. Natürlich werden Sie bei Informationsverfälschungen auch auf die Richtigstellung des Sachinhalts drängen.

- „Wenn Sie das unter Spaß verstehen, wären Sie als Moderator bei *Verstehen Sie Spaß?* schon längst entlassen worden."
- „Ich bin immer wieder überrascht, welche Nebensächlichkeiten Sie zum Lachen bringen. Geben wir zunächst aber der Wahrheit die Ehre …"
- „Schön, dass ich zu Ihrer Belustigung beigetragen habe. Jetzt beruhigen wir uns aber und beleuchten den Punkt …"
- „Sorry, ich verstehe in dieser Sache keinen Spaß, wenn Sie sich über meine Firma/meine Person lustig machen. Lassen Sie uns jetzt fortfahren …"
- „Ein Spaß ohne Spaß macht Ihnen vermutlich keinen Spaß. So geht es mir auch."

- „Ich verstehe sehr wohl Spaß, wenn er nicht immer auf meine Kosten geht. Hier aber entsteht der Eindruck …"
- „Das war gerade kein Spaß, sondern eine schlecht als Spaß getarnte Gemeinheit."
- „Wir sind von Ihrem großen humoristischen Potenzial immer wieder beeindruckt. Aber wir sollten bei dem Projekt … auch wissen …"
- „Nach dieser humorvollen Auflockerung, die allerdings nichts mit der Realität zu tun hat, sollten wir zur Sache kommen …"
- „Nachdem Sie unsere Lachmuskeln tüchtig in Schwung gebracht haben, wenden wir uns jetzt ernsthaft dem Thema … zu."
- „Machen Sie nur so weiter. Dann werden Sie bald erkennen, dass aus einer Mimose schnell ein stacheliger Kaktus wird, der Ihnen das Lachen vergehen lässt."
- „Herr X, ich brauche Ihre sogenannten Scherze nicht. Veräppeln kann ich mich alleine."
- „Wenn Sie das als mimosenhaft empfinden – gut, das ist Ihre Sicht der Dinge. Für mich ist es immer ein Zeichen von Schwäche, auf Kosten anderer Witze zu reißen und sich zu amüsieren."
- „Unterschätzen Sie mich ruhig, umso lustiger wird es hinterher für mich, denn Sie spielen gerade mit dem Feuer."

Verbalattacke Nr. 55

Mir werden ständig Fehler angekreidet. Zur Firmenspitze sagt aber niemand etwas. Die sollte besser mit gutem Beispiel vorangehen.

Ziel des Kontrahenten

Nach der Devise „Angriff ist die beste Verteidigung" wird versucht, vom Gesprächsthema abzulenken, indem eigenes kritikwürdiges Verhalten als weniger bedeutungsvoll dargestellt und gleichzeitig das Verhalten Dritter in den Vordergrund gerückt wird. Dabei sind Klagen über „die da oben" besonders beliebt.

Bei manchen Berufstätigen bestehen prinzipielle Aversionen gegen Anweisungen und Vorschriften, die am „grünen Tisch" erarbeitet wurden und deren Tragweite hierarchisch höherstehende Personen/Stellen in ihrer angeblichen „Praxisferne" nicht ermessen können.

So reagieren Sie

- „Lassen Sie uns beim Thema bleiben: Es geht jetzt um Ihre Fehlerquote …"
- „Jetzt sprechen wir über Fehler, für die Sie die Verantwortung tragen. Was können wir tun, damit Ihnen diese Fehler künftig nicht mehr unterlaufen?"
- „Glauben Sie mir, mir macht es keinen Spaß, Kritik zu üben. Aber sollen Fehler vermieden und Verhaltensweisen verbessert werden, geht es nicht ohne konstruktive Kritik. Sie sollten diese im eigenen Interesse akzeptieren, um künftig bessere Ergebnisse zu erzielen."
- „Wir sind uns sicherlich einig: Abgesehen von gravierenden Ausnahmesituationen (so bei Gefahr im Verzug) trägt jeder im Hause die Verantwortung für seinen Arbeitsplatz und Zuständigkeitsbereich. So können von Ihnen zu vertretende Fehler nicht weggedrückt werden; der Hinweis auf die Firmenspitze bringt uns keinen Deut weiter. Zu Ihren Fehlern …"
- „In meinen Augen ist es nicht besonders konstruktiv, undifferenzierte Vorwürfe zu erheben, insbesondere wenn nähere Einzelheiten nicht be-

kannt sind und der Angegriffene keine Stellung beziehen kann. Kehren Sie besser vor der eigenen Tür und achten Sie …“

- „Wir alle machen Fehler. Sie unterlaufen uns im Regelfall, weil wir sie nicht erkennen oder es nicht besser wissen. Um Fehler zu reduzieren und zu vermeiden, sind alle Betriebsangehörigen aufgerufen, eine Null-Fehler-Toleranz anzustreben. Diese Aussage bezieht sich auf alle Mitarbeiter und Ebenen unseres Unternehmens. So auch auf Sie …“
- „Ich nehme an, dass Sie unserer Firmenspitze nicht zu nahe treten wollen, sondern sich um mögliche Missstände im Unternehmen Sorgen machen. Ich schlage vor, Sie beteiligen sich als Praktiker am Betrieblichen Vorschlagswesen (BVW) oder dem Kontinuierlichen Verbesserungsprozess (KVP), um so dabei zu helfen, Kritikwürdiges auszumerzen und Verbesserungen einzuführen.“

Verbalattacke Nr. 56

Mit Reden verlieren wir nur Zeit. In diesen schwierigen Zeiten müssen wir alle an einem Strick ziehen und Mut, Entschlossenheit und persönlichen Einsatz zeigen.

Was steckt dahinter?

Hier wird ein sachorientiertes Vorgehen unter Hinweis auf den Zeitfaktor abgeblockt. Fakten bleiben auf der Strecke, dafür werden intensiv Emotionen angesprochen. Es soll Euphorie angeheizt und Aufbruchstimmung erzeugt werden. Je mehr Menschen auf diese Weise angesprochen werden, umso eher erreicht der Sprecher sein Ziel. Er nutzt bedeutungsvolle Erkenntnisse der Massenpsychologie:

- Die Masse kann nicht durch logische Argumente überzeugt werden, sondern nur emotional.
- Die Mitglieder einer Masse büßen die Kritikfähigkeit ein, die sie als Individuen haben.
- Die Masse entscheidet risikofreudiger als Einzelpersonen.

So erhofft sich der Kontrahent einen Solidarisierungseffekt bei sinkender Bereitschaft, sich kritisch mit dem Thema zu beschäftigen.

So reagieren Sie

Es bedarf einer gehörigen Portion Zivilcourage, gegen den Strom zu schwimmen. Mit kritischen Anmerkungen laufen Sie Gefahr, isoliert zu werden. Dennoch bewahren Sie einen kühlen Kopf und vertreten Ihre Auffassung:

- „Sie haben recht, die Zeiten sind schwierig. Es liegt deshalb an uns, sie besser zu machen. Wenn wir das wollen, müssen wir aber reiflich überlegen, wie uns das am besten gelingt."
- „Sie drängen zur Eile und lassen sich nicht einmal etwas Zeit, die Fakten gewissenhaft zu prüfen. Da kann es später nur ein böses Erwachen geben. Mir ist es schon lieber, die Argumente zu prüfen. Besonders fiel mir auf ..."

- „Sie wollen uns zu einem Schnellschuss nach der ksf-Methode (kurze Diskussion – schnelles Ergebnis – falsche Entscheidung) verleiten. Ich will nichts übers Knie brechen, sondern bevorzuge eine fundierte Entscheidung. Einige Knackpunkte müssen noch erörtert werden und zwar …“
- „Mir ist es auch sehr wichtig, diese schwierige Zeit gut zu bestehen. Sobald sich für mich ein klares Bild ergibt, setze ich Sie in Kenntnis.“
- „Ein Bestseller heißt: *Wenn du es eilig hast, gehe langsam.* Diese Überschrift sollte uns zu denken geben. Keine Hektik, kein blinder Aktivismus, sondern ein überlegtes und gezieltes Handeln bringt uns weiter.“
- „Gerade in schweren Zeiten müssen wir an einem Strick ziehen, unser Know-how bündeln und zu abgewogenen Entscheidungen kommen. Das geht aber nicht von jetzt auf gleich. Etwas Zeit muss schon sein, um zu überlegen, ob …“

Verbalattacke Nr. 57

Ihr Gesprächspartner hüllt sich in Schweigen.

Was steckt dahinter?

Gelegentlich wird in Gesprächssituationen das Schweigen (eine Technik für Nervenstarke) oder auch Einsilbigkeit als Waffe eingesetzt, um die andere Partei aus der Reserve zu locken und sich einen taktischen Vorteil zu verschaffen. Denn viele Menschen ertragen Gesprächspausen nur schwer und füllen das Vakuum aus unterschiedlichen Gründen mit eigenen Aussagen. Das Gefühl der Leere oder des Zeitverlusts kann vorherrschen oder auch die Angst, als weniger geeignet/unfähig zur Führung eines Gesprächs betrachtet zu werden. Indem der Kontrahent bewusst eine längere Gesprächspause macht, animiert er seinen Gegenüber zu mündlichen Aktivitäten, erfährt möglicherweise sonst im Hintergrund bleibende Ansichten und Fakten, die er anschließend in seinem Sinne nutzt.

So reagieren Sie

Bei „taktischen" Schweigern: Sie halten trotz der eingetretenen Gesprächspause Ihr Pulver trocken und versuchen dafür, den Kontrahenten durch Fragen aus der Reserve zu locken und ihn wieder am Gespräch zu beteiligen:

- „Wie schätzen Sie den Lösungsvorschlag ein?"
- „Ich kenne Sie als eloquenten/kommunikationsfreudigen Menschen, der heute vornehme Zurückhaltung übt. Ihre Ansichten möchte ich gern erfahren und bitte um Ihre aktive Gesprächsteilnahme. Also …?"
- „Mir liegt es fern, hier als Alleinunterhalter aufzutreten. Schließlich traue ich Ihnen viele interessante Gedanken zu, die zu einem erfolgreichen Gesprächsabschluss führen können. Wie stehen Sie also zu …?"
- „Sie sind in diesem Punkt sehr zurückhaltend. Vertreten Sie bisher noch nicht vorgetragene Überlegungen, und wenn ja, welche?"
- „Mit Ihrem Schweigen kommen wir nicht weiter. Wollen Sie sich ankreiden lassen, durch Ihre Passivität ein akzeptables Gesprächsergebnis verhindert zu haben?"

- „Meine Ausführungen scheinen Ihnen die Sprache verschlagen zu haben. Offensichtlich sind Sie in positivem Sinn beeindruckt. Ihr Schweigen werte ich als Zustimmung. Das bedeutet für unser Vorgehen … "
- „Wissen Sie, ich fühle mich, als würde ich gegen eine Mauer sprechen. Mir ist meine Zeit zu wertvoll, darauf zu warten, bis Sie irgendwann diese Mauer einreißen. Soll es das gewesen sein?"
- „Man sagt von Ihnen, dass Sie immer dann schweigen, wenn Sie sich in der Sache schachmatt gesetzt fühlen. Trifft das auch heute zu?"
- „Bitte klären Sie mich auf, was Sie mit Ihrer Zurückhaltung bezwecken."
- „Wenn Sie mit Ihren Überlegungen fertig sind, geben Sie mir kurz Bescheid."
- „Da Sie meine Frage unbeantwortet lassen, setze ich Ihr Einverständnis voraus und komme zum nächsten Punkt …"

Bei „maulfaulen" Schweigern, die Gesprächspausen nicht bewusst einsetzen:

Introvertierte Menschen sind eher verschlossen, kontaktarm und reserviert. Sie gefallen sich in der Rolle des großen Schweigers, der sich zwar Ihre Argumente anhört, dennoch kaum darauf reagiert. Wie wollen Sie mit einem Menschen ins Gespräch kommen, wenn dieser den Mund nicht öffnet? Wie wollen Sie auf seine Einwände reagieren, wenn er diese für sich behält?

Durch intensiven Einsatz von Fragen, die durchaus auch provokativen Charakter haben können, rücken wir den Schweiger in den Mittelpunkt des Geschehens, sodass ihm kaum noch die Chance bleibt, seine zurückhaltende Rolle beizubehalten:

- „Was haben Sie gegen diesen Vorschlag?"
- „Worauf kommt es Ihnen in erster Linie an?"
- „Was ist das Wichtigste für Sie, worauf legen Sie den größten Wert?"
- „Bisher haben Sie sich noch nicht geäußert. Was gefällt Ihnen an dieser Idee?"
- „Aus Ihrem Schweigen entnehme ich, dass Sie mit meinen Ausführungen einverstanden sind. Was kann ich also konkret festhalten?"
- „Welche Meinung haben Sie als bodenständiger Fachmann/Praktiker dazu?"
- „Sie kennen sich ja schon seit Jahren in dieser Materie gut aus. Mit welchen Realisierungsmöglichkeiten und Risiken sollten wir aus Sicht Ihrer Abteilung rechnen?"

- „Sie haben doch besondere Erfahrungen auf diesem Gebiet. Wie schätzen Sie den Lösungsvorschlag ein?“
- „Sie haben doch kürzlich schon einmal mit einem ähnlichen Fall zu tun gehabt. Worauf kam es dabei besonders an?“
- „Sie sehen nicht besonders begeistert bei diesem Vorschlag aus. Deshalb vermute ich, dass Sie anderer Auffassung sind. Bitte nennen Sie …“
- „Was haben Sie gerade gesagt?“

Verbalattacke Nr. 58

Ihr Gesprächspartner verwirrt durch einen Wortschwall.

Was steckt dahinter?

Im Gegensatz zu introvertierten Personen sind extrovertierte Menschen als besonders aufgeschlossen und kontaktfreudig zu charakterisieren. Durch einen hohen Anteil an der Gesprächszeit, ausufernden/redundanten Beiträgen und diversen, mehr oder weniger stichhaltigen Argumenten/Einwänden, erzeugen sie eine Atmosphäre, in der die Toleranz des Zuhörenden über Gebühr strapaziert wird. Sie labern ohne Punkt und Komma, wobei kostbare Zeit vergeht, inhaltlich aber kaum Wichtiges vermittelt wird. Oft wirft der zum Zuhören Verurteilte das Handtuch und ist „um des lieben Friedens willen" zu eigentlich nicht vorgesehenen Zugeständnissen bereit, um diese missliche Situation abzukürzen und aus ihr entfliehen zu können.

Auch lassen sich mittels ausufernder Redebeiträge eigene Auffassungen vernebeln, so dass die Absichten des Gesprächspartners nicht mehr klar zu durchschauen sind. Bei bewusstem Einsatz dieser Methode kommt es dem Akteur darauf an, manipulativ auf seinen Gesprächspartner einzuwirken.

So reagieren Sie

Sie sollten das Ziel verfolgen, das Gespräch schnell auf den Punkt zu bringen, um Zeit zu sparen und Ihr Nervenkostüm zu schonen. Es verbietet sich für Sie, den Redefluss mit Zusatz- oder Anschlussfragen oder Kopfnicken noch zu verstärken. Auch stellen Sie Ihre übliche Gesprächsbegleitung wie „aha", „soso", „interessant", „kaum zu glauben", „ähem", „okay" und dergleichen ein. Ihre Aufmerksamkeit richten Sie jetzt auf den Moment, in dem der Vielredner Luft holt. Nun haken Sie sofort ein mit Aussagen wie:

- „Lassen Sie uns das Gespräch abkürzen: Unter welchen Umständen sind Sie bereit, mit mir ins Geschäft zu kommen?"
- „Wie stellen Sie sich das weitere Vorgehen ganz konkret vor?"
- „Meine Zeit ist ein sehr kostbares Gut, mit dem Sie großzügig umgehen. Kürzen wir deshalb das Gespräch ab, indem Sie mir klipp und klar sagen,

welches Ergebnis Sie sich vorstellen. Dann kann ich abschätzen, ob es zwischen uns eine Einigungsmöglichkeit gibt. Auch Sie sparen dann allerhand Zeit, obwohl Sie den Eindruck vermitteln, über alle Zeit der Welt zu verfügen."

- „Ich kann nicht nachvollziehen, weshalb Sie jetzt auch noch den Aspekt … anbringen. Wir sollten uns doch besser um … kümmern."
- „Sie haben bis jetzt sehr viel geredet, aber ganz wenig gesagt."
- „Nach Ihren überaus eindrucksvollen und ausladenden Worten kommen wir jetzt ohne weitere Ehrenrunden zu unserem eigentlichen Thema zurück."

Verbalattacke Nr. 59

Ihr Gesprächspartner spricht weitschweifig/redundant.

Was steckt dahinter?

Im Gegensatz zu der unter Nummer 58 beschriebenen Vernebelungstaktik geht es hier um Vielschwätzer, die, einmal angefangen, nicht mehr aufhören wollen zu sprechen. Sie gefallen sich in weitschweifigen und langatmigen Beiträgen, schwadronieren losgelöst von Zeit und Raum und lassen ihre Umgebung verzweifeln.

> Viele Worte machen, um wenige Gedanken mitzuteilen,
> ist überall das untrügliche Zeichen von Mittelmäßigkeit.
> ARTHUR SCHOPENHAUER

Tatsächlich bemüht sich der ausufernd Sprechende, seine Gedanken bis ins letzte Detail darzustellen und zu beweisen, dass er die Sache sehr ernst nimmt, gründlich und gewissenhaft vorbereitet ist sowie Kompetenz besitzt. Allerdings wird das „Zeigen-was-ich-weiß-Syndrom“ vom Zuhörenden nicht honoriert. Ein schlechtes Zeichen ist es, wenn vom Zuhörenden ständig auf die Uhr geschaut oder sogar zur Überprüfung ans Ohr gehalten wird, ob sie stehen geblieben ist.

So reagieren Sie

Statt sich Ihre Zeit und Nerven stehlen zu lassen, treten Sie zur Gegenwehr an:

- „Können Sie Ihren Vorschlag bitte ganz kurz und einfach formulieren?“
- „Erleichtern Sie uns den Überblick: Was sind die genauen Eckpunkte?“
- „Wie hört sich Ihr Vorschlag präzise auf den Punkt gebracht an?“
- „Wie würden Sie Ihre Aussagen in einem Satz zusammenfassen?“
- „Mir fehlt die Zeit und Muße, Ihren Ausführungen zu folgen …“
- „Ich bin ein ungeduldiger Typ. Damit Ihre Informationen bei mir ankommen, bitte ich das Motto zu beherzigen: In der Kürze liegt die Würze.“
- „Noch einen Satz und es wäre ein Roman geworden.“

Verbalattacke Nr. 60

Ihr Gesprächspartner wiederholt ständig seine Ansichten/ Forderungen.

Was steckt dahinter?

Ihr Kontrahent setzt eine uralte primitive Methode (Tropfen- oder Primitivmethode) ein. Nach dem Motto „Steter Tropfen höhlt den Stein" werden eigene Ansichten und Forderungen ungerührt und unbeeindruckt von Gegenargumenten bis zum Überdruss wiederholt. Das zähe, unbeirrte Festhalten an der eigenen Meinung führt häufig zu dem Ergebnis, dass Andersdenkende mürbe gemacht werden und „um des lieben Friedens willen" nachgeben.

Es ist erwiesen, dass eine Behauptung in zunehmendem Maße an Überzeugungskraft gewinnt, je konsequenter und glaubhafter sie wiederholt wird. Schließlich wirkt Wiederholtes oft wie eine bewiesene Wahrheit. Die Wirkung dieser Methode beruht auf dem Gesetz der Trägheit des Denkens. Mit der Zahl der Wiederholungen einer Aussage wächst nämlich die Bereitschaft des Hörers, die Botschaft zu akzeptieren und eigene anderslautende Vorstellungen kritischer zu betrachten oder gar aufzugeben. In seinen Memoiren vermerkte Otto von Bismarck:

Eine zweifelhafte Behauptung muss recht häufig wiederholt werden, dann schwächt sich der Zweifel immer etwas ab und findet Leute, die selbst nicht denken, aber annehmen, mit so viel Sicherheit und Beharrlichkeit könne Unwahres nicht behauptet oder gedruckt werden.

Bereits im Altertum wurde diese Beeinflussungsart mit Erfolg eingesetzt. So ist überliefert, dass der römische Staatsmann Cato im Senat bei jeder sich bietenden Gelegenheit seinen berühmten Satz „Ceterum censeo Carthaginem esse delendam" (= Im Übrigen bin ich dafür, dass Karthago zerstört werden muss) von sich gab. Schließlich hatte er die Römer auf den Dritten Punischen Krieg eingestimmt, der zur Zerstörung Karthagos führte.

BEISPIELE:
In der Fernsehwerbung wird uns diese Methode tagtäglich vorgeführt: Eine Aussage über ein Produkt wird dem Verbraucher in konstanter Gleichförmigkeit eingehämmert.

Die Tropfenmethode wird mit guten Erfolgsaussichten angewendet, wenn eine andere Person diffamiert werden soll (Rufmord). Durch das Wiederholen abträglicher Äußerungen – zum Beispiel über die persönliche Lebensführung oder früheres Fehlverhalten – werden das Vertrauen und die persönliche Integrität untergraben. Von den negativen Aussagen „bleibt immer etwas hängen" (semper aliquid haeret), denn „wo Rauch ist, da muss auch Feuer sein".

So reagieren Sie

- „Sie wiederholen sich. Wie soll es weitergehen?"
- „Diesen Punkt habe ich bereits zur Kenntnis genommen als Sie ihn vorhin ausführlich darstellten. Eine erneute Beschäftigung mit ihm würde doch nur kostbare Zeit kosten, mit der weder Sie noch ich großzügig umgehen sollten. Welche neuen Punkte …?"
- „Durch das gebetsmühlenartige Wiederholen Ihrer Meinung können Sie mich nicht beeindrucken. Es kommt überhaupt nichts Neues rüber und wir beginnen uns im Kreis zu drehen. Was zählt, sind Zahlen, Daten und Fakten. Lassen Sie uns auf dieser Basis diskutieren ohne die ermüdenden Wiederholungen."
- „Ihr Argument wird durch Wiederholungen weder besser noch überzeugender."
- „Es ist nicht nötig, Ihre Aussage zu wiederholen. Ich habe Ihnen aufmerksam zugehört und Sie von Anfang an verstanden. Bitte ersparen Sie uns weitere Wiederholungen, die ich als Zeitverschwendung betrachten würde."
- „Selbst wenn Sie noch zehnmal Ihre Darstellung wiederholen, wird sich der Sachverhalt nicht ändern. Kürzen wir das Gespräch doch ab, indem …"
- „Wären Sie eine Schallplatte, würde ich bei Ihnen einen Sprung in der Rille vermuten."
- „Wir drehen uns im Kreis. Bitte stellen Sie die Endlosschleife ab, mit der Sie einen substanziellen Fortschritt unseres Meetings verhindern."

Verbalattacke Nr. 61

Ihr Gesprächspartner reagiert heftig und mit lauter Stimme.

Was steckt dahinter?

Möglicherweise haben Sie es mit einem Choleriker zu tun, auf den Eigenschaften wie unbeherrscht, rücksichtslos, unduldsam, streitsüchtig und jähzornig zutreffen. In diesem Fall sollten Sie weder zu empfindlich noch zu nachtragend reagieren, weil dieser Mensch oft nur schwer aus seiner Haut kann.

Allerdings sind Sie auf der Hut, wenn ein „Normalsterblicher“ in einer ähnlichen Weise auf Sie einzuwirken versucht, denn dann bezweckt er, Sie durch die erhöhte Lautstärke einzuschüchtern. Wenn Sie sich von diesem aggressiven Verhalten beeindrucken lassen und Zugeständnisse machen, wird Ihr Gegner immer wieder versuchen, Sie mit lautstarken Tiraden zu manipulieren.

So reagieren Sie

Keinesfalls sollten Sie sich in provozierende Diskussionen mit diesem „Lautsprecher“ einlassen, sondern Ruhe bewahren und Sicherheit erkennen lassen. Erinnern Sie sich besser an einen Ausspruch von Mark Twain:

> Der Lärm tut nichts zur Sache. Oft gackert eine Henne,
> die nur ein Windei gelegt hat, so laut,
> als hätte sie einen ganzen Planeten zur Welt gebracht.

Schreien Sie zurück, kann die Situation eskalieren. Begegnen Sie der hohen Phonzahl mit Humor, provozieren Sie vielleicht Tätlichkeiten.

Beherzigen Sie besser die Empfehlung, selbst betont ruhig und leise zu sprechen und dabei einen intensiven Blickkontakt zu dem Schreihals aufzunehmen.

- „Wenn Sie sich beruhigt haben, können wir ja fortfahren.“
- „Sollten wir uns nicht in Ruhe aussprechen? Wir verstehen einander doch recht gut.“

- „Ich glaube, das Sprichwort ‚Wer schreit, hat Unrecht' findet jetzt seine Bestätigung."
- „Ich frage mich, weshalb es so laut geworden ist. Meine Ohren sind noch bestens intakt."
- „Entschuldigung, in dieser Atmosphäre habe ich Probleme, mich auf unser Thema zu konzentrieren. Geht es auch 30 Phon leiser?"
- „Ich schlage vor, Sie nennen mir den Grund Ihrer Erregung. Vielleicht können wir ihn beseitigen und anschließend wieder zur Tagesordnung übergehen."
- „Bei Ihrer Lautstärke kann ich mich nicht auf den Inhalt konzentrieren, sodass keine zufriedenstellenden Ergebnisse zu erwarten sind. Wollen Sie weiter brüllen, ist es besser, das Gespräch sofort zu beenden."
- „Herr X, ich bin kein Rekrut und Sie sind nicht mein Ausbilder auf dem Kasernenhof! Also bitte eine normale und zivile Lautstärke, okay?"
- „Die Vernunft spricht leise. Deshalb wird sie so selten gehört. Wo bleibt Ihre Vernunft? Wo bleibt Ihre Beherrschung?"
- „Auch wenn Sie noch so laut sind, können Sie fehlende Argumente nicht ausgleichen."
- „Sie können es mir gern sagen, wenn ich einen Fehler gemacht habe. Aber bitte nicht in diesem Ton! Ich würde gern in Ruhe mit Ihnen darüber reden."

Falls keine Beruhigung eintritt:

- „Trotz Ihrer Lautstärke bin ich nicht an Ihren Ausführungen interessiert."
- „Was haben Sie gesagt?"
- „Bisher haben Sie nur gebrüllt. Wollen Sie mir jetzt etwas sagen?"
- „In dieser Tonlage lassen sich keine guten Ergebnisse erzielen. Deshalb entschuldigen Sie mich bitte. Wir können das Gespräch gern fortsetzen, wenn die Atmosphäre nicht mehr durch Ihre Lautstärke gestört ist."
- „Ihre Lautstärke schlägt mir auf die Ohren. Bevor ich einen Hörschaden davontrage, gehe ich lieber. Wenn Sie sich wieder beruhigt haben, wissen Sie ja, wo Sie mich finden."

Indem Sie den Raum verlassen – auch wenn es Ihr eigenes Zimmer ist –, ziehen Sie Ihre rote Linie. Damit stehen Sie dem Brüller nicht als Aggressionsobjekt zur Verfügung und zeigen ihm, dass Sie sich nicht alles gefallen lassen.

Verbalattacke Nr. 62

Ihr Gesprächspartner unterbricht Sie ständig.

Was steckt dahinter?

Ihr Gegenüber unterbricht Sie: „Da muss ich gleich mal einhaken ...“ oder „Stopp, das kann ich nicht unwidersprochen im Raum stehen lassen ...“ Entweder fürchtet er Ihre Argumente und will Sie durch Zwischenreden aus dem Konzept bringen oder Sie sollen zur „Unperson“ gemacht werden, der man das Wort abschneiden kann, ohne Sanktionen befürchten zu müssen. Wenn Sie sich diese Ungehörigkeit gefallen lassen, glauben andere Anwesende, Sie ebenfalls unfair behandeln zu dürfen.

Manche Menschen pflegen die Unsitte des Unterbrechens auch ohne böse Absicht. Denken wir an die vor Ungeduld fast platzenden Menschen, denen kaum bewusst wird, wenn sie anderen Personen undiszipliniert ins Wort fallen.

So reagieren Sie

Sie sprechen ruhig, unbeirrt, nachdrücklich, mit etwas lauterer Stimme und mit betonter Akzentuierung weiter und heben dabei leicht die Hand. Mit dieser Geste signalisieren Sie ein eindeutiges „Stopp“. Im Regelfall wird der Kontrahent nach kurzer Zeit still sein und auf weitere Unterbrechungen wegen ihrer Nutzlosigkeit verzichten. Falls sich der Störenfried nicht beeindrucken lässt:

- „Lassen Sie mich bitte meinen Gedankengang abschließen. Ich habe Sie doch auch nicht unterbrochen.“
- „Noch eine Sekunde, Herr X, ich möchte die gestellte Frage komplett beantworten.“
- „Ich appelliere an Ihre Fairness. Geben Sie mir Gelegenheit, meine Ausführungen ohne Unterbrechung zu Ende zu bringen.“
- „Wir können zwar zur gleichen Zeit gemeinsam singen, aber nicht miteinander sprechen.“
- „Entschuldigen Sie bitte, dass Sie mich schon das zweite Mal unterbre-

chen. Üben Sie sich doch ein klein wenig in Geduld. Das schaffen Sie doch, nicht wahr?"

- „Haben Sie so viel Angst vor meinen Aussagen, dass Sie mich ständig unterbrechen müssen?
- „Versuchen Sie es doch einmal mit einer intelligenten Unterbrechung."
- „Ich bewundere Ihr seltenes Talent, immer wieder unhöflich andere Menschen zu unterbrechen."
- „Halten Sie Ihr Pulver trocken. Sie können später sicherlich noch zu Wort kommen."
- „Behalten Sie das, was Ihnen am Herzen liegt, noch etwas im Kopf, es sei denn, eine Demenz verbietet Ihnen einen Aufschub."
- „Stopp! Sie schneiden mir schon wieder das Wort ab. So kann ich meinen Standpunkt nicht darstellen. Sie haben jetzt Sendepause."
- „Wir sind hier nicht im Bundestag. Dort gehört der Zwischenruf zur parlamentarischen Streitkultur. Hier ist Ihre Unterbrechung aber unerwünscht. In der Erwartung, dass Sie sich zügeln, fahre ich fort…"
- „Unterbrechen Sie mich bitte nicht, denn Sie unterbrechen leider ständig den Mann/die Frau, den/die ich am liebsten reden höre."

Verbalattacke Nr. 63

Ihr Gesprächspartner verwendet grobe Ausdrücke.

Was steckt dahinter?

Mithilfe grober Ausdrücke und Unflätigkeiten (Verbalinjurien) sollen Sie eingeschüchtert und dazu bewogen werden, klein beizugeben. Ihr Kontrahent lässt mit seinem ungehobelten und primitiven Verhalten Ihnen gegenüber den gebührenden Respekt vermissen. Vorsätzlich vergisst er seine gute Erziehung, falls er jemals in den Genuss einer entsprechenden Grundausstattung kam. Wäre ihm folgendes Zitat von Konfuzius bekannt, würde er sich vielleicht mäßigen:

Schimpfwörter entehren nur den, der sie benutzt.

So reagieren Sie

Für Sie ist die Fortsetzung dieser Gesprächssituation nicht zumutbar, sodass Sie in diesem Moment jegliche Beziehungen abbrechen sollten:

- „Ich möchte, dass Sie sich in meiner Gegenwart mit diesen derben Sprüchen zurückhalten. Verstehen wir uns?“
- „Ehrlich gesagt, will ich mich Ihrem Geschimpfe/Ihrem unangenehmen Verhalten nicht weiter aussetzen. Entweder mäßigen Sie sich sofort oder ich gehe.“
- „Wir sollten erst dann weiterreden, wenn Sie Ihre Beherrschung wiedergefunden haben. Bis dann!“
- „Überlegen Sie sich Ihre Äußerungen besser noch einmal. Für eine Schlammschlacht stehe ich Ihnen nicht zur Verfügung. Ich werde erst dann wieder mit Ihnen reden, wenn Sie sich gemäßigt haben.“
- „Meinen Sie das wirklich alles so wie Sie es sagen? Wenn das zutrifft, werden wir nicht gut miteinander auskommen können. In diesem Fall sollten wir zu einem späteren Termin das Gespräch fortsetzen, zu dem Sie dann eine bessere Laune mitbringen sollten.“

Verwendet der Kontrahent weiter Schimpfwörter, ist für Sie die Fortsetzung des Gesprächs unzumutbar. Sie werden sich nicht scheuen, in diesem Moment die Zusammenkunft abzubrechen. Mit dieser Vorgehensweise finden Sie sich in Übereinstimmung mit dem Philosophen Arthur Schopenhauer:

> Gewissen Menschen gegenüber kann man seine Intelligenz
> nur auf eine Art beweisen, nämlich indem man nicht mit ihnen redet.

(Verbal)attacke Nr. 64

Ihr Gesprächspartner ignoriert Distanzzonen.

Was steckt dahinter?

Jeder Mensch hat ein elementares Bedürfnis, eine persönliche Zone um sich herum zu haben, die möglichst von anderen Personen zu respektieren ist. In unserem Kulturkreis wird zwischen vier Distanzzonen unterschieden:

- Intime Distanz bis 0,50 m
- Persönliche Distanz 0,50 bis 1,20 m
- Gesellschaftliche Distanz 1,20 bis 3,00 m
- Öffentliche Distanz ab 3,00 m

Im Berufsleben ist die gesellschaftliche Distanz (bis auf wenige Ausnahmen, z. B. dürfen uns Ärzte, Friseure oder Schuhverkäufer im Rahmen ihrer Tätigkeit deutlich näherkommen) angemessen. Kommt uns jemand zu nahe, zeigen sich bei uns wegen der Missachtung unserer Persönlichkeit mit großer Wahrscheinlichkeit Unmutserscheinungen, die sich in starken Aggressionen oder großer Verunsicherung niederschlagen können.

Indem der Kontrahent diese unsichtbaren Grenzen überschreitet, lässt er mangelnden Respekt und mangelnde Wertschätzung erkennen. Er akzeptiert Ihre individuelle Verteidigungslinie nicht: Sie sollen eingeschüchtert werden, was wiederum Unterlegenheitsgefühle auslöst, bei ihm selbst aber die Durchsetzungskraft steigert.

So reagieren Sie

Gehen Sie nicht umgehend auf Distanz, hat der Kontrahent Ihnen den Schneid abgekauft. Äußern Sie aber sofort, was Sie stört, besteht eine gute Chance auf Abwehr des Angriffs:

- „Sie kommen mir zu nahe und gehen mir damit zu weit – Abstand bitte!“
- „Ich habe es nicht gern, wenn Sie mich räumlich einengen. So intim will ich mit Ihnen nicht sein.“

- „Wenn im sachlichen Bereich die Distanz verringert wird, freut mich das. Im räumlichen Bereich lege ich aber entschieden Wert auf die übliche Distanz."
- „Sie rücken mir zu stark auf die Pelle und lassen mir kaum noch Luft zum Atmen. Wenn Sie in unserem Gespräch Ergebnisse erzielen wollen, ist ein größerer Abstand unverzichtbar."

Übrigens: Auch mit weiteren Dominanzsignalen sollen wir in unsere Schranken gewiesen und zum Kuschen gebracht werden, so zum Beispiel:

- Man lässt den Besucher bewusst warten, verzichtet auf Blickkontakt und arbeitet demonstrativ weiter.
- Es wird kein Platz angeboten.
- Ein Handschlag wird nicht angeboten.
- Der Kontrahent bleibt hinter seinem, einer Kommandozentrale gleichenden Schreibtisch sitzen, während wir vor ihm auf einem wackeligen Stuhl um das Gleichgewicht ringen und gleichzeitig von dem einfallenden Sonnenlicht geblendet werden.
- Eingehende Telefonate werden in unserem Beisein in epischer Länge geführt.
- Mit wiederholtem Blick auf die Uhr wird Zeitdruck signalisiert.
- Der Gesprächspartner wird lange fixiert.
- Statussymbole sollen beeindruckend wirken.

Von diesen Machtspielen lassen Sie sich nicht Ihre Seelenruhe rauben, zumal Sie die manipulativen Absichten Ihres Kontrahenten erkennen. Die Folge: Sie bleiben souverän, ruhig und gelassen, stehen über den Dingen und machen sich innerlich über Ihren Kontrahenten lustig, der es nötig zu haben scheint, Sie mit diesen Spielchen beeindrucken zu wollen.

Verbalattacke Nr. 65

Ihr Gesprächspartner zitiert Statistiken.

Was steckt dahinter?

Für nahezu alle Fragestellungen sind Statistiken verfügbar. So wundert es nicht, wenn ein Gesprächspartner zur Verstärkung seiner Argumente auf statistische Erhebungen verweist. Tatsächlich sind Zahlen immer noch das greifbarste Argument, weil sie Meinungen und Ansichten messbar und damit überprüfbar machen. Ob allerdings Statistiken bei der Begutachtung eines Problems ausschlaggebend sein können, erscheint fraglich, weil in ihnen Durchschnittswerte aus größeren Zahlenmengen abgebildet werden. Auch sind die einer Erhebung zugrunde liegenden Fragen (interessant kann sein, wer die Erhebung mit welchen Intentionen in Auftrag gegeben hat) sowie die Qualität der anschließenden Auswertung bedeutungsvoll für die Ergebnisse.

Der Gesprächspartner erhofft sich von seinem vorgetragenen statistischen Material eine ähnlich positive Wirkung wie bei Nennung von Autoritäten (Seite 74).

Möglicherweise argumentiert er gar mit erfundenen Zahlen, um seinen Argumenten Nachdruck zu verleihen und seine Verhandlungsposition zu verbessern. Allerdings übersieht er hierbei, dass ein erheblicher Vertrauensverlust eintritt, wenn bei einem späteren Fakten-Check seine unlautere Manipulation erkannt wird.

Übrigens: Die von den Statistischen Ämtern von Bund und Ländern gewonnenen und bereitgestellten Informationen genießen hohe Akzeptanz, weil sie die Grundsätze Neutralität, Objektivität und wissenschaftliche Unabhängigkeit berücksichtigen müssen.

So reagieren Sie

- „Ihre statistischen Daten sehe ich sehr skeptisch, da sie für unser Problem keine entscheidenden Hinweise geben. Laut Statistik haben der Gewinner von einer Million Euro und der Habenichts jeder eine halbe Million Euro.

Jetzt müssen wir einen konkreten Sachverhalt untersuchen. Hier meine ich …"

- „Sie kennen das Zitat: ‚Ich traue keiner Statistik, die ich nicht selbst gefälscht habe.' Dem kann ich mich nur anschließen, denn heute …"
- „Die von Ihnen aufgeführte Statistik vermittelt zugegebenermaßen interessante allgemeine Erkenntnisse, hilft uns aber nicht bei unserer individuellen Einschätzung. Beschäftigen wir uns besser mit …"
- „Wer hat wann und wo die statistischen Daten veröffentlicht? Sind sie momentan verfügbar? Ich würde sie mir gern genau ansehen, vor allem die sicherlich beigefügten Hintergrundinformationen."
- „Diese Statistik ist mir nicht bekannt. Macht es Ihnen große Umstände, mir die genaue Fundstelle zu nennen oder eine Kopie der Veröffentlichung zu mailen?"
- „Es gibt drei Arten von Lügen: Notlügen, Zwecklügen und die Statistik. Lassen wir deshalb Ihre Statistik besser unbeachtet …"

Verbalattacke Nr. 66

Ihr Gesprächspartner überschüttet Sie mit vielen, teilweise unbekannten Fremdwörtern/Fachbegriffen.

Was steckt dahinter?

In Wirtschaft, Technik und Wissenschaft (vor allem in der modernen Informationstechnologie) sowie im Freizeit-, Sport- und Mediendeutsch steigt die Zahl der Wortimporte, insbesondere aus Nordamerika, ständig an. In manchen Lebensbereichen ist unter Fachleuten eine Verständigung ohne diverse Fachbegriffe beinahe unmöglich. Ohne das jeweilige Anspruchsniveau des Gesprächspartners zu berücksichtigen, überschwemmt uns ein Kontrahent mit einer Fremdwörter-/Fachausdruckswelle, in der wir unterzugehen drohen.

Entweder will uns unser Gegenüber mit einem gerüttelten Maß Eitelkeit sein Fachwissen oder seinen Bildungsstand vorspiegeln oder wir sollen, weil wir seine Ausführungen nicht in vollem Umfang verstehen, ins Abseits gedrängt werden. Der Kontrahent rechnet damit, dass wir uns nicht blamieren wollen und unsere Unwissenheit für uns behalten. In diesem Fall würde uns sein Imponiergehabe zu willfährigen Marionetten machen. Dass der Kontrahent aber auch das Gegenteil erreichen kann, lässt ein geflügeltes Wort aus dem technischen Verkauf erkennen: „Fachidiot schlägt Kunden tot!“

So reagieren Sie

- „Ich würde es sehr begrüßen, wenn Sie den Sachverhalt mit einfachen Worten nochmals erklären würden, damit alle Anwesenden Ihre Aussagen nachvollziehen können.“
- „Das ist mir einfach zu hoch, ich habe da wohl in der Schule gefehlt. Können Sie das nicht einfacher sagen?“
- „Ihr Fachchinesisch macht es schwer, Ihre fachlichen Erläuterungen nachzuvollziehen. Geht es nicht ein wenig verständlicher?“
- „Lassen Sie uns doch unsere Muttersprache pflegen. So vermeiden wir Missverständnisse und Fehlinterpretationen, die für den von uns gewünschten Erfolg sehr hinderlich sind.“

- „Ob es Ihnen wohl gelingt, Ihre Meinung auch in unserer schönen Sprache auf den Punkt zu bringen, sodass alle Anwesenden Ihren Standpunkt unmissverständlich nachvollziehen können?"
- „Wer seine Sache wirklich beherrscht, kann sie auch für alle verständlich darlegen."
- „Glauben Sie, dass uns dieser Schwall von Fremdwörtern/Fachausdrücken überzeugt? Beeindrucken lassen wir uns von Ihnen gern, wenn Sie für alle Anwesenden verständlich und überzeugend Ihre Gedanken vortragen."
- „Glauben Sie, dass Sie uns mit den vielen Fremdwörtern imponieren können?"
- „Ich habe einmal gelesen: Im Verhältnis zu Laien ist Verständlichkeit die wichtigste Höflichkeit der Experten. Ob Sie so höflich sein wollen …"
- „Da ich mein Lexikon heute nicht dabei habe, bitte ich Sie, mir die vielen Fremdwörter zu übersetzen, mit denen Sie mich überschüttet haben." (Lässt sich Ihr Gegenüber hierauf ein, wird er häufig Probleme haben, jedes Fremdwort präzise zu übersetzen. Die Folge: Er wird den Wink mit dem Zaunpfahl beherzigen und seinen Fremdwörtereinsatz verringern.)

Übrigens: Nicht immer steckt hinter dem verstärkten Einsatz von Fremdwörtern oder Fachbegriffen eine böse Absicht.

Bei der Verwendung von Fach- oder Fremdwörtern ist der Kenntnisstand des Gesprächspartners unbedingt zu berücksichtigen. Das folgende Beispiel zeigt, was passieren kann, wenn dieser Grundsatz nicht beachtet wird:

Es geht um den Begriff „Prämie" im Zusammenhang mit der Versicherungsbranche. Im allgemeinen Sprachgebrauch bezeichnet Prämie eine Belohnung, einen Gewinn, eine Auszeichnung, die man bekommt. Der Versicherungsmakler hingegen versteht etwas ganz anderes darunter. Prämie bezeichnet bei ihm nichts, was der Kunde bekommt, sondern was er zahlen muss. Es handelt sich um den fälligen Gegenwert für die Versicherungsleistung. Ein Begriff, zwei Bedeutungen, die gegensätzlicher nicht sein könnten. Wenn nun der Makler zum Kunden von einer besonders niedrigen Prämie spricht, muss dieser erst einmal verdutzt sein, eben weil er aufgrund seiner Erfahrung eine besonders hohe möchte.

Solche Missverständnisse erschweren die Argumentation von Beginn an und können im Extremfall zum Abbruch der (argumentativen) Verhandlung führen. Der Makler fragt sich am Ende verdutzt, warum er den Kunden nicht überzeugen konnte. Dabei hat er „nur" ein Wort verwendet, das der Kunde in einem völlig gegensätzlichen Sinn versteht.

Verbalattacke Nr. 67

Ihr Gesprächspartner verwendet die Ja-aber-Taktik.

Was steckt dahinter?

Mit einer Negativaussage „Nein, ich bin nicht Ihrer Auffassung, weil …" kann dem Gegenüber ein Misserfolgserlebnis vermittelt werden, denn der Widerspruch steht einem erfolgreichen Gesprächsergebnis im Weg. Mit der Ja-aber-Taktik glaubt Ihr Kontrahent eher Erfolg zu haben. Es wird häufig ein klein wenig „Ja" gesagt, womit eine positive Stimmung erzeugt werden soll. Das sogleich folgende „aber" leitet jedoch die Entwertung der vorher genannten taktischen Zustimmung mit Bedenken und Einschränkungen ein und betont den Gegensatz, der doch vermieden werden soll. Mittlerweile kennen viele Menschen diese Technik und konzentrieren sich nach der Zustimmung auf das folgende „aber", reagieren hierauf ungehalten und verschließen sich.

Ein diplomatisch vorgehender Kontrahent weiß um diesen Zusammenhang und wird die zustimmende Aussage – also das „Ja" – kraftvoll herausstellen und Ihnen damit Anerkennung und Erfolg verschaffen. Der vorangegangenen Zustimmung soll anschließend mit entschärfenden Formulierungen (z. B. „allerdings", „jedoch", „obwohl", „nur", „dennoch") weniger deutlich widersprochen werden:

- „Damit haben Sie einen Teil meiner Äußerungen vorweggenommen. Vor allem für den Hinweis auf … danke ich Ihnen. Damit wird sich unser Innendienst noch beschäftigen müssen. Dennoch sollten wir einen Vorschlag überdenken …"
- „Viele Ihrer Gedanken habe ich mit großem Interesse aufgenommen, weil sie die augenblickliche Situation zutreffend beschreiben. Insbesondere unterstreiche ich … Allerdings müssen wir auch überlegen …"

Diese Beispiele lassen erkennen, dass das Gesprächsklima bei dieser Weiterentwicklung der Ja-aber-Taktik relativ entspannt ist und der Kontrahent gute Voraussetzungen für ein in seinen Augen erfolgreiches Gespräch geschaffen hat.

So reagieren Sie

Sie gehen einem Kontrahenten bei dieser Vorgehensweise nicht auf den Leim. Sie mögen sich im ersten Moment durch die positiven Äußerungen geschmeichelt fühlen, werden sich aber dennoch nicht einwickeln/einlullen lassen.

- „Ich hatte von Ihnen eine klare Aussage erwartet. Jetzt wollen Sie mich mit einer Wischiwaschi-Antwort abspeisen, die mehrere Interpretationen zulässt …"
- „Sie sprechen in Rätseln. Im ersten Teil Ihrer Antwort stimmen Sie zu, im zweiten Teil haben Sie Bedenken. Was ist denn nun Ihre Meinung?"

Vermitteln Sie Ihrem Kontrahenten, dass Sie auf den ersten Teil der Ja-aber-Taktik aufbauen wollen. Den zweiten Teil werten Sie als unwichtige Nebensache oder unterschlagen ihn.

- „Ich bin begeistert, besser konnte ich den positiven Aspekt nicht darstellen. Sie haben den Pluspunkt gleich erkannt, Chapeau!"
- „Mit Ihrer Zustimmung hatte ich nicht gerechnet. Lassen Sie uns jetzt Nägel mit Köpfen machen und Ihre weitere, gewiss nicht entscheidende Anmerkung ausblenden. Ich stelle mir vor …"
- „Ich freue mich, dass wir in der Beurteilung übereinstimmen, denn das bringt uns einen erheblichen Schritt voran. Lassen Sie uns hierauf in positivem Sinne aufbauen. Dabei sollten wir die Ansichten der sich leider zu jedem Thema meldenden Bedenkenträger zunächst unberücksichtigt lassen …"
- „Viele Menschen suchen zunächst das Haar in der Suppe. Sie aber haben sogleich den positiven Aspekt erkannt. Das zeichnet Sie besonders aus, meinen Glückwunsch."

Verbalattacke Nr. 68

Ihr Gesprächspartner versucht, Ihnen Zugeständnis um Zugeständnis abzuringen.

Was steckt dahinter?

Hier begegnet uns die Taktik der kleinen Teilerfolge, genannt Salami-Taktik. Da stets mit dem Widerstand des Gesprächspartners zu rechnen ist, gelingt es nur selten, auf Anhieb die gegnerische Bastion – die Salami – zu vereinnahmen. Vielmehr wird von der anfangs großen Salami so lange Scheibe für Scheibe abgeschnitten, bis von ihr schließlich nichts mehr übrig ist.

Gelingt es, den Gesprächspartner in einer Kleinigkeit zum Nachgeben zu bewegen – schließlich ist man in Kleinigkeiten großzügig –, fällt das nicht weiter auf. Mit jedem weiteren Teilerfolg wird die eigene Position gestärkt, bis schließlich der Unterlegene mit der falschen Feststellung „Der Klügere gibt nach“ (Seite 37) aufgibt.

BEISPIELE:

Ein Ehepartner versucht dem anderen immer wieder das Einverständnis zu irgendeiner Kleinigkeit zu entlocken. Oft genug wird es dem Nachgebenden kaum bewusst oder aber er hält die Sache nicht für so wichtig, dass ein Gegenhalten angezeigt ist. Im Laufe der Zeit addieren sich diese „Kleinigkeiten“ und eines Tages ist es so weit: Ein Ehepartner beherrscht den anderen mehr oder weniger total.

Auch im Berufsleben werden Machtkämpfe mithilfe der Salami-Taktik geführt: So bemüht sich ein Abteilungsleiter peu à peu darum, möglichst viele Kompetenzen übertragen zu bekommen. Gelingt es ihm so, immer wieder kleine und kleinste Kompetenzen an sich zu ziehen, geht ohne ihn schließlich nichts mehr im Unternehmen.

Mit dem Autoverkäufer wird zunächst um die Reduzierung des Kaufpreises gerungen, danach ist eine kleinere kostenlose Sonderausstattung das Thema, anschließend die Fahrzeugzulassung auf Kosten des Händlers und schließlich der volle Tank bei Abnahme des Fahrzeugs.

So reagieren Sie

Merken wir, dass uns ein Gesprächspartner mit dieser Taktik ausmanövrieren möchte, lassen wir uns nicht zu Zugeständnissen bewegen. Ein Nachgeben würde einen Präzedenzfall schaffen, welcher die Gegenseite zu weiteren Kleinangriffen ermutigt. Aus unserer Kindheit wissen wir, dass derjenige leicht zu schlagen ist, der einmal das Nachsehen hatte. Auf jeden Fall ist es einfacher und weniger mühevoll, eine entschiedene erste Reaktion zu zeigen, als später ein eventuell schon aufgegebenes Terrain wieder zurückzuerobern.

Sollte aber ein Nachgeben erforderlich werden, verbinden wir es stets mit der Anti-Salami-Taktik. Wir werden versuchen, jeden Bodenverlust durch eine gleichzeitige Kompensation (im Volksmund wird hier von einem „Kuhhandel" gesprochen) auszugleichen:

- „Gut, hier bin ich einverstanden, allerdings nur, wenn Sie Ihrerseits bereit sind, mir in dem Punkt … entgegenzukommen."
- „Nachdem wir diesen Punkt in Ihrem Sinne erledigt haben, werden auch Sie mir eine Bitte erfüllen …"

Die Anti-Salami-Taktik basiert auf dem römischen Grundsatz „Do ut des" = Ich gebe, damit du gibst. So sind wir regelmäßig bereit, uns für eine erwiesene Gefälligkeit erkennlich zu zeigen: Hat Ihnen Ihr Nachbar einige Pflanzenableger geschenkt, überlegen Sie, wie Sie ihm eine Freude machen können. Eine kostenlose Kaffeefahrt animiert viele Teilnehmer zum Kauf von angebotenen Waren. Kosten Sie am Probierstand im Supermarkt, wächst Ihre Bereitschaft zum Kauf der probierten Produkte.

Indem Sie Ihr Nachgeben in einem Punkt signalisieren, baut sich in Ihrem Gesprächspartner ein Erfolgserlebnis auf, das ihm ein Nachgeben in einem anderen Punkt erleichtert. Schließlich kann er nicht erwarten, dass Sie weiter nachgeben, während er alle Vorschläge von Ihrer Seite ablehnt. Clever wäre es, Sie würden jetzt den Punkt, der Ihnen am wichtigsten ist, in den Vordergrund schieben.

Zeigt der Gesprächspartner keine Bereitschaft, Ihnen entgegenzukommen, bietet Ihnen das die Chance, vorher zugestandene Punkte infrage zu stellen:

- „Da es an Ihrer Bereitschaft mangelt, auch mir entgegenzukommen, müsste ich alle bisher vereinbarten Teilaspekte als gegenstandslos betrachten und unser Gespräch ergebnislos abbrechen. Ist das in Ihrem Sinne?"

4 Gelassenheit: *Beleidigungen abwehren*

Lassen Sie sich nichts gefallen

Zutreffend erkannte Martin Luther King:

> Wir haben gelernt, die Luft zu durchfliegen wie die Vögel
> und das Meer zu durchschwimmen wie die Fische,
> aber nicht die einfache Kunst, als Brüder zusammen zu leben.

So verhalten sich Menschen noch heute im Kampf um Werte, Status, Macht und Mittel wie soziale Neandertaler. Deshalb sollte es uns nicht verwundern, dass wir immer wieder Menschen begegnen, die Böses im Schilde führen und uns beleidigen.

Eine Beleidigung ist eine Aussage oder Handlung einer Person, die das Ego bzw. den Stolz einer anderen Person mit negativen Gefühlen assoziiert – der Kränkung – und herabwürdigt. Sie ist als Ehrdelikt in § 185 Strafgesetzbuch normiert.

Wie Sie auf Beleidigungen reagieren, hängt von Ihrer Frustrationstoleranz ab, die bei jedem Menschen unterschiedlich ausgeprägt ist. Während ein sensibler Mensch jedes Wort eines Kontrahenten auf die Goldwaage legt, schnell beleidigende Aussagen/Untertöne heraushört und hierauf reagiert, ist bei jemand anderem, der einen eher rustikalen Umgang mit seiner Umgebung gewöhnt ist, die Schmerzgrenze längst nicht erreicht.

Wird ein Gesprächspartner Ihnen gegenüber plötzlich aggressiv, unsachlich oder beleidigend, fühlt er sich bereits in die Enge getrieben und merkt, dass er mit seinen Argumenten das Nachsehen hat. Er verirrt sich nun in den Bereich des persönlichen Angriffs, wo er sich bemüht, Ihre Glaubwürdigkeit, Seriosität oder Kompetenz in Zweifel zu ziehen.

> Beleidigungen sind die Argumente derer, die Unrecht haben.
> JEAN-JAQUES ROUSSEAU

Mit einer Beleidigung sollen Sie eingeschüchtert und Ihre persönliche Ehre verletzt werden. Auch eine von Ihnen in großer Erregung abgegebene Erwiderung passt Ihrem Gegenüber ins Konzept, weil Sie dann Gefühle zeigen und nur noch zu eingeschränkten Denkaktivitäten in der Lage sind.

Sie verzichten auf eine mündliche Reaktion

Einzelne dumme Bemerkungen aus dem Affekt heraus überhören Sie am besten. Indem Sie eine leichte Entgleisung gar nicht erst zur Kenntnis nehmen, ist sie schnell vom Tisch.

Der indische Weise Krishnamurti regt an, bei beleidigenden Aussagen des Kontrahenten grundsätzlich erst einmal so zu tun, als sei nichts geschehen, als habe man nichts gehört, nichts wahrgenommen, sich nicht betroffen gefühlt.

In die gleiche Richtung geht die Empfehlung des Dalai Lama:

> Bedenke, dass Schweigen manchmal die beste Antwort ist.

Und der englische Philosoph Francis Bacon gibt zu bedenken:

> Wer den Ärger eines Augenblicks unterdrücken kann,
> erspart sich vielleicht einen Tag des Bedauerns.

Reagieren Sie nicht auf eine Beleidigung, nimmt das manchem Angreifer die Lust zu weiteren verbalen Angriffen. Indem Sie völlig unbeeindruckt Ihr Desinteresse an einem Geplänkel zeigen, demonstrieren Sie Ihre Überlegenheit.

Manche Beleidigung kontern Sie nicht mit einer mündlichen Entgegnung, sondern ersticken sie mit nonverbalen Signalen:

- Sie nehmen eine aufrechte Haltung ein.
- Sie blicken dem Angreifer ruhig in die Augen.
- Sie verstärken Ihre Wirkung durch Anheben der Augenbrauen.
- Sie schütteln leicht den Kopf.
- Sie zeigen ein leichtes Lächeln, das den Gegner irritiert.
- Sie lösen nach einer kleinen Pause den Blickkontakt und reagieren mit keinem Wort auf den verpufften Angriff, sondern gehen zur Tagesordnung über.

Vergessen Sie bei dieser wortlosen Reaktion nicht das verzeihende Lächeln – ganz nach Laotse:

Wer lächelt, statt zu toben, ist immer der Stärkere!

Die eintretende Stille ist etwas, was viele Menschen beunruhigt. Um ein längeres Schweigen zu vermeiden, schieben sie weitere Aussagen nach, wechseln möglicherweise das Thema oder schwächen ihren ursprünglichen Angriff selbst ab.

Werden Sie aber mit einer massiven Beleidigung konfrontiert, sind Ihre Abwehrreaktionen unverzichtbar. Mit Ignorieren würden Sie Schwäche signalisieren, was künftig weitere Boshaftigkeiten nach sich ziehen würde. Sie werden standhaft Ihre Interessen vertreten, denn Sie können ein Zurückweichen auf Dauer nicht zulassen. Diesen Triumpf gönnen Sie dem Kontrahenten nicht. Auch vermeiden Sie eine Niederlage, die Sie belasten und einengen würde.

Sie reagieren mit einer mündlichen Erwiderung

Zugegeben, Beleidigungen können situationsabhängig mit unzähligen Reaktionen gekontert werden. Folgend wurde eine Auswahl aus diesem riesigen Spektrum getroffen und die Handlungsalternativen auf zwölf wesentliche Punkte begrenzt. Dieses Angebot sollte genügen, um die meisten Beleidigungen abwehren/kontern zu können.

1. Sie nutzen Notfallreaktionen als Rettungsanker

Bevor eine Beleidigung Sie aus dem inneren Gleichgewicht bringt, es Ihnen die Stimme verschlägt und Ihnen partout keine passende Reaktion einfällt, können Sie auf folgende Notfallreaktionen zurückgreifen:

- „Da schau her."
- „Sagen Sie nur."
- „Na sowas."
- „Was Sie nicht sagen."
- „Na und."
- „Wenn Sie meinen."
- „Mag sein."

- „Soso."
- „Ach was."
- „Das ist ja interessant."

Damit haben Sie Zeit gewonnen, um die Schrecksekunde zu überwinden und anschließend eine der nachstehenden Reaktionen folgen zu lassen.

2. Sie legen sich Standardantworten zurecht

Stehen Ihnen Standardreaktionen auf verbale Entgleisungen Ihres Gegenübers zur Verfügung, gewinnen Sie damit zusätzlich Zeit. Sie reagieren zwar, ohne sich aber wirklich auf den Inhalt des Angriffs zu beziehen. Damit laufen Sie nicht Gefahr, vorschnell oder blind auf den Inhalt zu reagieren.

Derartige Sätze sollten Sie sich notieren, damit Sie sie parat haben und nicht erst hektisch danach suchen müssen, wenn Sie sie benötigen.

- „Ihre Aussage erstaunt mich."
- „Das ist mir neu. Davon habe ich noch nichts gehört."
- „Ich finde es bedauerlich, dass Sie es so sehen."
- „Das höre ich zum ersten Mal. Wie kommen Sie zu dieser Einschätzung?"

3. Sie fragen nach/lassen sich die Beleidigung erklären

Nicht jeder Angreifer ist begeistert, wenn Sie ihn mit einer Nachfrage konfrontieren, die ihn auffordert, Farbe zu bekennen. Möglicherweise hat beim Angreifer wegen eines Ärgernisses gerade der Verstand ausgesetzt, sodass es zu der Beleidigung kam. Mit Ihrer Frage stoßen Sie in ihm wieder Denkgehirnaktivitäten an. Eventuell wird ihm jetzt sein Fauxpas bewusst und er beruhigt sich wieder.

- „Wie meinen Sie das genau?"
- „Wie kommen Sie zu dieser Auffassung?"
- „Würden Sie Ihren Vorwurf bitte konkretisieren, damit ich gezielt darauf antworten kann?"
- „Bitte veranschaulichen Sie Ihre Bemerkung mit einem Beispiel."
- „Ich kann nicht erkennen, wie Sie zu dieser Einschätzung gelangt sind."

- „Sie denken offenbar anders über mich. Wo konkret liegen Ihre Bedenken?"
- „Sie bezeichnen mich als blöd. Das ist mir zu allgemein. Was verstehen Sie konkret darunter?"
- „Moment mal, wie darf ich Ihre Bemerkung ganz genau verstehen?"

4. Sie „streichen" die Beleidigung

Treffen Sie die Entscheidung, ob sich für Sie in dieser Situation das Ignorieren einer Beleidigung anbietet (Seite 33):

- „Okay, diese Beleidigung will ich überhört haben. Ich gebe Ihnen noch eine Chance. Wir streichen Ihren persönlichen Angriff und beginnen noch einmal von vorn. Einverstanden?"
- „Alle reden vom Energiesparen. Ich spare meine Energie, indem ich Ihre letzte Aussage einfach ausblende/nicht zur Kenntnis nehme."
- „Wir haben Wichtigeres zu tun, als uns persönlich anzugreifen. Deshalb gehe ich noch einmal über Ihre unproduktive und unpassende Bemerkung hinweg."
- „Diesen unfairen Angriff will ich jetzt nicht kommentieren. Stattdessen sollten wir besser unsere Argumente austauschen."

5. Sie erwecken den Eindruck, Verständigungsprobleme ausschließen zu wollen

Indem Sie ein Feedback einfordern, können vermeintliche oder tatsächliche Missverständnisse ausgeräumt und ein Nichtverstehen beseitigt werden:

- „Ich muss mich verhört haben. Einen Augenblick dachte ich, Sie hätten ... gesagt. Aber das war sicherlich nicht Ihre Absicht ..."
- „Bitte erklären/wiederholen Sie Ihre Bemerkung. Ich fürchte, ich habe Sie nicht richtig verstanden. Es wäre doch schlimm, ich hätte eine Beleidigung herausgehört, obwohl Sie etwas anderes meinten."
- „Würden Sie freundlicherweise den letzten Satz wiederholen, damit wir sicher sein können, dass ich nichts in den falschen Hals bekommen habe."
- „Heute stehe ich wohl auf der Leitung. Ich habe nicht verstanden, was Sie meinen. Können Sie mir das bitte erklären?"

6. Sie deuten die Beleidigung um

Während der Angreifer Sie mit der negativen Seite eines Begriffs drangsalieren will, verkehren Sie den Begriff durch eine inhaltliche Umdeutung oder Neudefinition ins Positive:

- „Sie bezeichnen mich als Weichei. Ich könnte jetzt sauer reagieren. Ich lasse mich aber als Weichei von Ihnen bezeichnen, weil Sie erkannt haben, dass ich nicht sofort in blinden Aktivismus verfalle, sondern erst sensibel einen Vorfall analysiere, um anschließend mit hohem persönlichen Einsatz eine sozialverträgliche Übereinstimmung herbeizuführen."
- „Was verstehen Sie unter begriffsstutzig? Meinen Sie damit etwa meine kritischen Anmerkungen, mit denen ich eine Verbesserung von Vorschlägen anstrebe, und meine Zurückhaltung, wenn völlig unbewiesene Vorstellungen sofort in die Praxis umgesetzt werden sollen? Ist es da nicht gut, wenn bei den euphorisch gestimmten Kollegen wenigstens einer die Bodenhaftung behält?"
- „Sie bezeichnen mich als Korinthenkacker. Meinen Sie mit dieser Bezeichnung einen Menschen, der sorgfältig arbeitet und sich hohen Qualitätsanforderungen verpflichtet fühlt? Dann kann ich mich für dieses Kompliment bei Ihnen herzlich bedanken."
- „Wenn ‚Lahmarsch' bedeutet, dass ich meine Arbeit exakt erledige und so gut wie keine Fehler mache, die später mit viel Aufwand bereinigt werden müssen, dann freue ich mich über Ihre Einschätzung."

7. Sie fragen nach Beweggründen

Ist Ihnen das Motiv für eine beleidigende Äußerung bekannt, fällt es leichter, eine zufriedenstellende Lösung zu finden. Bleiben die Beweggründe allerdings im Dunkeln, kann es immer wieder zu aggressivem Verhalten kommen.

- „Womit habe ich es verdient, dass Sie mit mir in dieser Weise sprechen?"
- „Ihnen ist heute wohl eine Laus über die Leber gelaufen. Weshalb machen Sie mich so an?"
- „Was bezwecken Sie mit dem Angriff jetzt?"
- „Mit Polemik begeben wir uns auf eine Einbahnstraße. Worum geht es Ihnen genau?"

- „So erregt kenne ich Sie noch nicht. Worum geht es Ihnen in der Sache?"
- „Sie sind offenbar stinksauer. Wo liegt Ihr Problem?"
- „Ich vermute, ich bin Ihnen, ohne es zu wissen, auf den Schlips getreten. Bitte sagen Sie mir, was Ihnen nicht gefällt, damit wir die Situation bereinigen und wieder zu unserem Thema zurückkehren können."
- „Weshalb glauben Sie, fehlendes Taktgefühl sowie fehlende Sachkenntnisse durch Angriffe unter die Gürtellinie ausgleichen zu müssen?"

8. Sie steuern die Sachebene an

Beleidigungen sind nie sachorientiert, sondern stets auf eine Person gerichtet.

Bevor Sie sich in personenbezogene Auseinandersetzungen begeben, ist es sinnvoll, wieder auf die Sachebene zurückzukehren.

- „Ich kann nicht erkennen, was Ihr Hinweis mit Fairness zu tun hat. Was ist der sachliche Gehalt Ihres Einwurfs?"
- „Ihre beleidigende Anmerkung bringt uns nicht weiter, stattdessen sollten wir uns mit der sachlichen Frage beschäftigen ..."
- „Wir kommen gerade vom Thema ab. Die Frage war doch, ob wir ..."
- „Das mag Ihre subjektive Erfahrung sein. Die Tatsachen sehen zum Glück anders aus ..."
- „Sie sehen die Dinge anders als ich. Das ist Ihr gutes Recht. Welche Einwände haben Sie in der Sache?"
- „Moment mal, das wird mir jetzt zu persönlich. Ich schlage vor, wir kehren wieder zu unserem Thema zurück. Hier hatten wir ..."
- „Ihren persönlichen und unfairen Angriff möchte ich jetzt nicht kommentieren, weil es mir um die Sache geht. Vorrangig ist der Punkt ... strittig. Was spricht dafür...?"
- „Ich hoffe, Ihnen geht es jetzt besser. Wollen wir nun mit unserem Thema fortfahren?"
- „Nach diesem inakzeptablen Beitrag, den ich als kultivierter Mensch überhört habe, wenden wir uns besser unserem Thema zu ..."
- „Offenbar sind Sie jetzt mit Ihrem Latein am Ende. Sie müssen sich in einer schwachen Position befinden, wenn Sie zu dieser unfairen Attacke greifen. Welche Einwände haben Sie in der Sache?"
- „Wäre ich Schiedsrichter, würden Sie jetzt von mir die gelbe Karte sehen,

der beim nächsten Ausraster die rote Karte folgen würde. Zurück zu dem letzten Gesichtspunkt ..."

- „Der Ausgangspunkt für Ihre in keiner Weise zu entschuldigenden Worte ist viel zu ernst, als dass er untergehen sollte. Unterbrechen wir jetzt, damit Sie zur Ruhe kommen können. Eine Fortsetzung könnte ... stattfinden."
- „Nun mal langsam, Herr ... Ich bin bereit, mir Ihre Argumente anzuhören. Ich bin aber nicht bereit, mich von Ihnen beleidigen zu lassen. Welche Argumente legen Sie konkret in die Waagschale?"
- „Ihre Erregung überrascht mich. Worum geht es Ihnen in der Sache?"
- „Unabhängig von Ihrer abwertenden Aussage, welche ich in keiner Weise teile, sollten wir jetzt mit der Problemlösung fortfahren. Was halten Sie ...?"

9. Sie reden dem Beleidiger ins Gewissen

- „Bisher erlebte ich Sie als positiven Menschen, der meine Wertschätzung immer verdient hat. Heute wirken Sie wie ein
  - Kotzbrocken
  - Ekelpaket
  - Mistkerl
  - Fiesling
  - Stinkstiefel
  - Drecksack
  - Motzer
  - Widerling
  - Rüpel
  - Giftzwerg
  - Wadenbeißer

  Macht es Ihnen wirklich Freude, so wahrgenommen zu werden?"
- „Ich schlage Ihnen vor, Sie sagen mir genau, was Sie stört, und wir klären den Konflikt. Sie haben es doch nicht nötig, mich persönlich zu verunglimpfen."
- „Glauben Sie, dass uns unsachliche Vorwürfe in der Sache voranbringen?"
- „Mit solchen Aussagen torpedieren Sie unser Gespräch. Ist das Ihre Absicht?"
- „Glauben Sie, dass sich nach dieser Bemerkung Ihre persönliche Autorität

verbessert oder verschlechtert hat? Wieso setzen Sie mit diesem Angriff Ihr Image leichtfertig aufs Spiel?“

- „Bitte gestatten Sie mir, dass ich nicht auf diesen persönlich gemeinten Angriff eingehe. Eine Fortsetzung des Gesprächs auf dieser unschönen Ebene entspricht doch nicht unserem Niveau, nicht wahr?“
- „Sie reden jetzt unüberlegt aus einer momentanen Verärgerung heraus. Glauben Sie mir, Sie sollten sich mäßigen, denn sonst kann das für Sie schlimme Folgen haben.“
- „Ich habe ja Verständnis für Ihre schwierige Situation, in der Ihnen Sachargumente ausgegangen sind. Aber Sie sollten dann doch nicht versuchen, sich mit Beleidigungen zu behaupten.“
- „Weshalb verwenden Sie als bisher stets seriöser Gesprächsteilnehmer heute plumpe Beleidigungen und halten sich dafür mit Argumenten zurück?“
- „Sie müssen Dampf ablassen. Das ist okay – aber bitte, ohne mich persönlich zu beleidigen.“
- „Erfahrungsgemäß starten Menschen mit persönlichen Angriffen, wenn Ihnen im sachlichen Bereich die Felle fortschwimmen. Ist dieser Punkt bei Ihnen jetzt gekommen? Wollen Sie die sachliche Ebene verlassen und in den persönlichen Bereich abgleiten?“
- „Ist es in Ihrem Interesse, unser Gespräch auf dieser unsachlichen Ebene fortzusetzen?“
- „Ich finde es bemerkenswert, wie Sie mich angreifen. Haben Sie dabei bedacht, dass ich auch über Konterqualitäten verfüge/am längeren Hebel sitze? Kommt es Ihnen wirklich auf einen Kampf an, den Sie nicht gewinnen können?“

10. Sie reagieren ironisch

Ironische Erwiderungen können dem Beleidiger psychische Schmerzen zufügen und seelische Wunden schlagen.

- „Ich freue mich, dass Sie sich mir gegenüber so offen und kritisch äußern. Ich mag offene Menschen.“
- „Entschuldigung, ich habe eben nicht zugehört. Meine Gedanken waren gerade interessanter.“
- „Das sind ja interessante Umgangsformen, die Sie pflegen. So verschafft man sich Freunde!“

- „Herzlichen Dank für diese einfühlsamen Erkenntnisse, die für mich von unschätzbarem Wert sind."
- „Hilfe, Sie haben mich bis ins Mark getroffen, jetzt geht es mir so richtig schlecht."
- „Ihr Angriff trifft mich sehr. Mir kommen gleich die Tränen."
- „Hilfe, das war jetzt aber wirklich sehr gemein. Sie bringen mich damit in den kommenden zwei Wochen um den wohlverdienten Schlaf."
- „Sie beleidigen mich. Ich hoffe, ich kann höflich bleiben."
- „Über Ihre Frage, ob ich dumm/blöd/bescheuert/unwissend/borniert bin, will ich nicht spekulieren. Geben Sie mir Bescheid, wenn Sie es mit Ihrer unschlagbaren Sensibilität herausgefunden haben."
- „Wenn ich Sie ernst nehmen könnte, würde ich mich jetzt vielleicht ärgern."
- „Ehre, wem Ehre gebührt – was für Kostbarkeiten in Ihrer Beleidigungskiste schlummern. War diese höchst originelle Bemerkung schon alles, oder haben Sie vielleicht noch bessere Aussagen auf Lager, über die wir uns amüsieren können?"

11. Sie zahlen mit massiven/drastischen Reaktionen in gleicher Münze heim

Bei dieser Reaktionsmöglichkeit laufen Sie Gefahr, den zwischenmenschlichen Kontakt längerfristig auf den absoluten Nullpunkt abzukühlen. Beachten Sie bitte die Empfehlungen ab Seite 38.

- „Von Ihnen war auch nichts anderes zu erwarten. Ich hatte gehofft, dass man mit Ihnen wie mit einem normalen Menschen sprechen kann. Da habe ich mich leider geirrt. "
- „Sie haben das Wort dumm/blöd/bescheuert/unwissend/borniert genannt. Sprechen Sie da etwa von sich?"
- „Nehmen Sie den Mund so voll, weil Sie Spargel demnächst quer essen wollen?"
- „Haben Sie heute Ihren Arschlochtag?"
- „Sie bezeichnen mich als Idioten. Bitte schließen Sie nicht von sich auf andere."
- „Für Sie habe ich einen gut gemeinten Rat: Bevor Sie Ihre Sprechwerkzeuge in Gang setzen, sollten Sie besser Ihre grauen Zellen einschalten."

- „Ihre Eltern verfügten vermutlich nur über eine kleine Wohnung, in der für eine Kinderstube kein Platz war. Und in fortgeschrittenem Lebensalter sind Sie dem dringend erforderlichen Erwerb von Sozialkompetenz aus dem Wege gegangen – schade, wirklich schade …“
- „Bei manchen Menschen ist die Problemzone nicht Bauch, Beine und Po, sondern der Kopf!“

12. Sie denken an einen Gesprächsabbruch

Statt mit dem Beleidiger weiter die Klingen zu kreuzen und es zu einer unsäglichen Geschichte kommen zu lassen, in der ein Wort das andere gibt, bringen Sie die Situation auf den Punkt:

- „Ich habe das Gefühl, dass es nichts bringt, wenn wir das Gespräch nach diesen abfälligen Bemerkungen fortsetzen. Ich denke, wir sollten ein andermal den Gesprächsfaden wieder aufnehmen, dann aber auf sachlicher Ebene. Einverstanden?“
- „Stopp! In diesem Ton lasse ich nicht mit mir reden. Noch ein falsches Wort und ich gehe!“
- „Jetzt gehen Sie zu weit! Ich bin erst wieder zu einem Gespräch mit Ihnen bereit, wenn Sie sich gemäßigt haben. In dieser Atmosphäre stehe ich Ihnen keinesfalls zur Verfügung.“
- „Ich lasse mich von Ihnen nicht beleidigen. Ich erwarte Ihre Entschuldigung. Oder Sie können sich für Ihre Boshaftigkeiten ein anderes Opfer suchen.“ – (Bleibt die Entschuldigung aus, reagieren Sie konsequenterweise mit dem Gesprächsabbruch.)
- „Lassen Sie uns das Gespräch fortsetzen, wenn Sie emotional abgerüstet haben.“
- „Wir sollten erst dann weiterreden, wenn Sie Ihre Beherrschung wiedergefunden haben. Bis dann!“
- „Keine persönlichen Angriffe. Wenn Sie mich weiter beleidigen, breche ich das Gespräch sofort ab!“
- „Sie wollen mich doch wohl nicht beleidigen?“
- „Ihren letzten Satz haben Sie sicherlich nicht als persönlichen Angriff gemeint?“

Bei den beiden letzten Reaktionen werden in 99 Prozent der Fälle Kontrahenten stutzen und umgehend beteuern, Sie nicht beleidigen/persönlich angreifen zu wollen. Antwortet der Kontrahent jedoch mit „Ja", hat er endgültig die Schmerzgrenze überschritten. Ihre Reaktion:

- „Nun, unter diesem Vorzeichen bin ich an einem weiteren Kontakt mit Ihnen nicht interessiert. Überlegen Sie Ihre Äußerung besser noch einmal. Guten Tag."
- „Ich tue es nur sehr ungern, aber Sie lassen mir keine andere Wahl. Suchen Sie sich eine andere Person zum Dampfablassen. Leben Sie wohl!"

Juristische Gegenwehr

Nicht nur im Internet sind Beleidigungen an der Tagesordnung. Auch im privaten und beruflichen Alltag kommt es immer wieder zu Ehrverletzungen. Obwohl Sie sich redlich bemühten, Beleidigungen abzuwehren, blieb Ihnen bisher der Erfolg versagt. In einer juristischen Aufarbeitung besteht die letzte Lösungschance. Damit stehen Sie nicht allein.

So wurden nach der polizeilichen Kriminalstatistik im Jahr 2016 insgesamt 234.341 Fälle von Beleidigungen zur Anzeige gebracht. Darüber hinaus muss mit einer größeren Dunkelziffer gerechnet werden, weil Beleidigungen eher selten angezeigt werden. Kommt es nach Abschluss der Ermittlungen zu einem Gerichtsverfahren, kann das ernste Folgen für den Beleidiger haben: Es drohen eine Freiheitsstrafe von bis zu einem Jahr oder aber eine Geldstrafe, die sich aus der Einkommenshöhe des Beleidigers errechnet. Darüber hinaus können auch zivilrechtliche Ansprüche vom Beleidigten (Schmerzensgeld bei erheblicher Beeinträchtigung des Persönlichkeitsrechts) geltend gemacht werden, die ihn vor weiteren Attacken schützen sollen.

Um den Gang zum Gericht noch abzuwenden, machen Sie Ihren Kontrahenten auf diese letzte Abwehrmaßnahme aufmerksam:

- „Wissen Sie, dass Sie sich gerade mit dieser Beleidigung strafbar gemacht haben? Wollen Sie von mir angezeigt werden oder doch lieber sachlich bleiben?"
- „Mit Ihren bisherigen beleidigenden Aussagen reden Sie sich um Kopf und Kragen. Seien Sie nicht überrascht, wenn es zu einem juristischen Nachspiel kommt."

- „Wenn es Ihnen mit dieser Beleidigung ernst ist, können Sie sie vor dem Amtsrichter gern wiederholen. Ist es Ihnen recht, wenn wir uns dort treffen?“

Beachten Sie vor möglichen Drohungen mit juristischen Konsequenzen, dass Sie im Ernstfall auch bereit sein müssen, die erforderlichen Schritte zu gehen. Würden diese ausbleiben, könnten Sie Ihrem Kontrahenten als Lachnummer für weitere Angriffe dienen.

Nach einer juristischen Aufarbeitung sind im Falle weiterer Beleidigungen nur noch zwei Vorgehensweisen denkbar: Entweder entscheiden Sie sich für eine tätliche Auseinandersetzung, die für einen zivilisierten Mitteleuropäer nicht in Betracht kommen dürfte, oder Sie folgen dem Gelassenheitsgebet, das dem Theologen Reinhold Niebuhr zugeschrieben wird:

Gott, gib mir die Gelassenheit, Dinge hinzunehmen,
die ich nicht ändern kann,
den Mut, Dinge zu ändern, die ich ändern kann und die Weisheit,
das eine vom anderen zu unterscheiden.

5 Jetzt reicht's:

Wenn sich die Angriffe häufen

Genug ist genug

Schiller formulierte in „Wilhelm Tell“:

> Es kann der Frömmste nicht in Frieden leben,
> wenn es dem bösen Nachbarn nicht gefällt.

Nicht nur der böse Nachbar, sondern auch angriffslustige Chefs, Kollegen, Geschäftspartner, Diskussionsteilnehmer oder Verhandlungspartner können uns mit unfairen Verhaltensweisen um den inneren Frieden bringen. Bisher haben Sie sich gegen die Angriffe eines Kontrahenten gewehrt. Dennoch gibt dieser nicht auf und erweist sich als Wiederholungstäter, der danach trachtet, Ihnen das Leben weiter zu erschweren.

Ihre Gedanken kreisen ständig um Ihre schwierige Situation. Sie bemerken bereits einige Veränderungen an sich, die Ihnen missfallen:

- Beim Anblick Ihres Widersachers sträuben sich Ihre Nackenhaare, Sie merken, wie sich Ihre Wirbelsäule aufrichtet und Sie sich verkrampfen.
- Sie achten nur noch auf negativ zu bewertende Verhaltensweisen Ihres Kontrahenten und legen jedes Wort von ihm auf die Goldwaage.
- Sie blenden zunehmend jeden positiven Aspekt aus. Selbst versöhnliche Gesten des Kontrahenten interpretieren Sie als Täuschungsmanöver.
- Sie geraten ins Grübeln und versuchen sich an die Situation zu erinnern, welche die gegen Sie gerichteten Aktivitäten auslöste.
- Ihr Nervenkostüm ist ständig angespannt, eine Entspannung findet kaum mehr statt.
- Sie fühlen sich in der misslichen Situation gefangen und spüren, dass Ihre Lebensqualität ernsthaft darunter zu leiden beginnt.

Lassen Sie sich unterstützen

Weil Sie emotional stark betroffen sind, werden Sie vieles aus Ihrer eingeengten Sichtweise betrachten und zwangsläufig nicht mehr objektiv sein. Daraus können Fehlentscheidungen oder unzweckmäßige Verhaltensweisen resultieren. Jetzt wird es für Sie Zeit, Hilfe zu mobilisieren. Von Ihnen herangezogene Vertrauenspersonen verfügen über genügend Abstand und sind eher in der Lage, Ihnen objektive Ratschläge zu geben und Sie auf Vorgehensweisen aufmerksam zu machen, die zu einer Situationsbereinigung führen können.

Je mehr Unterstützung Sie aus Ihrem beruflichen und privaten Umfeld erfahren, desto besser sind Ihre Chancen, die Situation durchzustehen und den aufrechten Gang nicht zu verlernen.

Entscheiden Sie sich nicht dafür, den Kampf gegen Kontrahenten allein aufzunehmen. Sonst wäre die Gefahr zu groß, alles nur aus dem eigenen Blickwinkel zu betrachten und schnell isoliert zu werden. Schalten Sie besser frühzeitig Ihr soziales Netzwerk ein.

Als Verbündete können Sie beispielsweise aktivieren:

- Lebenspartner (ist dieser nicht über Ihre schwierige Lage informiert, wird er Ihre negative Stimmung, schlechte Laune oder gelegentlich durchschlagende Aggressivität möglicherweise falsch deuten, sodass Ihre bis dato intakte Beziehung hierunter Schaden nimmt)
- erwachsene Kinder
- Verwandte, Bekannte, Freunde
- Kollegen, die sich erkennbar auf Ihrer Seite befinden
- Vorgesetzte
- Betriebs- oder Personalrat, Anti-Mobbing-Stelle, Anti-Mobbing-Beauftragte, Gleichstellungsbeauftragte

Indem Sie mit diesen Vertrauenspersonen über Ihre Situation reden und sich aussprechen, stellt sich die wohltuende Erkenntnis ein, nicht isoliert zu sein, sondern bei der Krisenbewältigung ein Unterstützungssystem in Anspruch nehmen zu können.

Neben der besonders wichtigen Stabilisierung oder psychischen Aufrüstung durch Mitglieder Ihres sozialen Netzwerks steht ein gemeinsames Erarbeiten von Strategien zu Ihrem künftigen Verhalten im Vordergrund. So üben Sie mit Ihren Vertrauenspersonen in Rollenspielen entsprechende Situationen – und zwar so oft, bis Sie auf alle nur denkbaren Reaktionen des Kontrahenten zufriedenstellend reagieren können.

Führen Sie ein Konfliktlösungsgespräch

Bevor sich die Situation weiter verschärft oder Sie in Depressionen verfallen, übernehmen Sie die Regie. Sie warten nicht darauf, dass die bisherigen Unstimmigkeiten eskalieren und zu lebenslangen Feindseligkeiten ausarten. Sie stellen Ihren Widersacher unter vier Augen zur Rede, wobei Sie die gebotenen zivilisierten Umgangsformen beachten. Auf das Gespräch haben Sie sich gut vorbereitet.

Sie sollten sich während des Gesprächs weder über Gebühr ereifern (keine Angriffe, keine Beschimpfungen) noch Gefühlsausbrüche (keine Tränen) zeigen.

Das Gespräch könnte wie folgt beginnen:

> *Herr ..., mir liegen in letzter Zeit einige Dinge im Magen, über die ich gerne in Ruhe mit Ihnen sprechen möchte* (Es folgt ohne Schuldzuweisungen eine kurze Darstellung der Reibungspunkte). *Sicherlich ist Ihnen das getrübte Verhältnis zwischen uns aufgefallen, das immer wieder zu Reibereien führt. Es vergeht kaum eine Woche, in der wir nicht die Klingen kreuzen. Wir lenken unsere Energie in die falsche Richtung und machen uns das Leben gegenseitig schwer.*
>
> *Welcher Auslöser diese ungute Situation in Gang setzte, weiß ich nicht. Selbst wenn ich es definitiv wüsste, kann niemand das Geschehene rückgängig machen. Wir sollten lieber gemeinsam überlegen, wie wir künftig besser miteinander auskommen können. Denn ich kann mir nicht vorstellen, dass Sie diese Belastungen einfach wegstecken. Ich merke ja auch, dass mir das alles keinen Spaß macht. Suchen wir also besser nach einer tragfähigen Basis, die uns das Zusammenleben/Zusammenarbeiten erleichtert.*

Mit diesem Gesprächseinstieg zeigen Sie die erkannten Reibungspunkte auf und vermeiden dabei Mutmaßungen oder Unterstellungen. Sollte Ihr Kontrahent die aufgezählten Vorkommnisse verharmlosen, lassen Sie sich nicht in eine fruchtlose Diskussion hineinziehen („So sehe und empfinde ich das"), sondern sagen ihm klipp und klar, was Sie bei Fortsetzung der Angriffe zu unternehmen gedenken. Notfalls verweisen Sie darauf, dass Sie sich zu wehren wissen. Auch können Sie mit Beschwerden (z. B. beim Vorgesetzten oder Betriebsrat) oder juristischen Schritten drohen. Allerdings müssen Sie auch bereit sein, diese Drohungen in die Tat umzusetzen, wenn Ihre Intervention beim Kontrahenten nicht das gewünschte Ergebnis gebracht hat.

Streben Sie im Gespräch eine konstruktive Lösung an. Hierfür legen Sie sich bereits vorab Vorschläge zurecht, wie der sich anbahnende Dauerkonflikt für beide Seiten zufriedenstellend gelöst werden kann. Kommt unter dem Strich ein gemeinsam getragenes Ergebnis heraus, verschaffen Sie sich möglicherweise Respekt, sodass weitere Angriffe eingestellt werden.

Für das Konfliktlösungsgespräch könnten Sie folgenden Aufbau ins Auge fassen:

- Was sind unsere Ziele? Ihr Ziel? Mein Ziel?
- Ist überhaupt eine Einigung zwischen uns erforderlich?
  Wenn nein: neutralen Umgang miteinander vereinbaren.
  Wenn ja: weiter mit den nächsten Punkten.
- Lassen sich unsere individuellen Ziele zu einem gemeinsamen Ziel zusammenfassen?
- Welche Wege führen zu diesem gemeinsamen Ziel?
- Welchen Weg wollen wir beschreiten?

Eher selten werden Sie mit Ihrem Kontrahenten nach den Erfahrungen aus der Vergangenheit Freundschaft schließen. Es genügt aber vollauf, wenn das Kriegsbeil begraben wird und man sich künftig respektvoll begegnet.

Literaturempfehlungen

Erdmann, Karl Otto: Die Kunst Recht zu behalten, Frankfurt a.M.

Härter, Gitte: Nerv nicht!, Offenbach

Lay, Rupert: Dialektik für Manager, Reinbek

LeBon, Gustave: Psychologie der Massen, Stuttgart

Lemmermann, Heinz: Lehrbuch der Rhetorik, München

Motamedi, Susanne: Konfliktmanagement, Offenbach

Rother, Werner: Die Kunst des Streitens, München

Schlüter, Hermann: Grundkurs der Rhetorik, München

Schopenhauer, Arthur: Eristische Dialektik oder Die Kunst, Recht zu behalten, Zürich

Stangl, Anton und Marie-Luise: Verhandlungsstrategie, Düsseldorf

Tengelmann, Curt: Die Kunst des Verhandelns, Heidelberg

Thiele, Albert: Argumentieren unter Stress: Wie man unfaire Angriffe erfolgreich abwehrt, München

Weller, Maximilian: Die schlagfertige Antwort, Bergisch Gladbach

Zuschlag, Berndt: Mobbing: Schikane am Arbeitsplatz, Göttingen

Stichwortverzeichnis

Hans-Jürgen Kratz
ist erfolgreicher Fachbuchautor und veröffentlichte zahlreiche Bücher
zu den Themen Mitarbeiterführung, Selbstmanagement und Kommunikation.
Er war langjährig als Führungskraft mit unterschiedlichen Schwerpunkten
tätig. Seit 1995 arbeitete er als freier Trainer und Dozent und vermittelte
sein Wissen in mehr als 600 Seminaren.

Weitere Titel von Hans-Jürgen Kratz bei metro**politan**:

Erfolgreich führen von A–Z
Für gute Vorgesetzte und zufriedene Mitarbeiter
ISBN 978-3-96186-000-5

Mensch Mitarbeiter!
ISBN 978-3-96186-014-2

Chef-Checkliste Mitarbeiterführung
111 wichtige Regeln für mehr Führungskompetenz
ISBN 978-3-96186-010-4

Ich mach das jetzt!
ISBN 978-3-96186-007-4